私 ——— 宅

Exquisite Home Baking

烘 ——— 焙

職人手做甜點 ╳ 麵包，在家也能超 Chill 過生活

Now you can learn and enjoy high quality desserts and breads in the comfort at home.

大家好，我是喜愛一切廚房事物的Sidney。

2007年前，是出入急診，病房，負責診斷部門的放射師，也是具有執業執照、負責老人養護、瘦身減重的營養師；2008年，婚後離開台灣，居住過美東美西，開啟了我的廚房摸索生涯，麵包、蛋糕、料理都在「實驗」範圍中。

2009年，大女兒在加州出生，我開始有了另一個責任與身份，母親；2010年，跟隨先生回到澳洲，居住於雪梨，全職家庭主婦人生開啟；2013～2019年，小女兒在雪梨出生，開始寫著料理專欄，也開始經營料理社團，同時也在網路平台分享我的廚房製作，我的粉絲專頁也開始建立，也從雪梨搬到布里斯本定居。

2020年，開始實體烘焙課程教學，但當時因為疫情加上邀約，以及人生規劃，想回到營養師的工作，但心中依舊放不下對廚房製作的喜愛，是很掙扎的一年。

2021年，與現在的出版社相遇，而起了將手邊製作編輯成書本的想法；2022年，第一本烘焙書，集結了我多年的分享，以及多數烘友的試做，《自宅獨享烘焙×小食動手做》3月間市，本書當時的成績，對於初出茅廬的新手作者來說，在實體書局排名或是網路書局榜單中，均有在前三名不錯的成績，真心感謝支持我的每一位！

2023年，所有教學與經營模式，均調整為線上授課；2024年，第二本食譜書問世。

只因為愛食物，只因為有了家庭，還有一路愛著我，支持我的家人，我的廚房製作從單純的跟著製作，到開始創作，這一路上，除了支持我的家人還有粉絲朋友們，真心感謝大家對我的愛與支持！因為這份愛與支持，又有了第二本食譜書的誕生。這本書，可以將它當成第一本書的製作延伸，讓製作品項，更加寬廣、更加全面，一年365天，陪著你們度過，每個平常日子、每個特別日子，甚至是每個節日，有這兩本書在手，可以馬上有讓人滿意的製作出爐，呈現給自己及最重要的人。

這本書，依舊想傳遞給大家的，除了製作，也想用不一樣的視野與視角，用與大部分消費者一樣的同等位置為起點，就我對製作的理解，來說明敘述，讓大家愛上烘焙、愛上製作，在製作過程中，也享受製作，也試著用另一種極簡美學的方式，呈現製作與作品，讓作品呈現在眼前，是喜悅與溫馨的！這就是樸實的手作溫度，但也不失質感的呈現，希望你們可以邊欣賞圖片，邊享受製作，享受我想傳達的手作溫度！

現任 Incumbent	經歷 Experience
Sidney的廚房樂園FB粉絲頁管理者、食譜撰寫與食譜研發人員、網路烘焙課程教學教師、網路私人營養規劃營養師	醫事技術放射師、營養師（減重與老人養護）、料理專欄作者
	著作 Book
	自宅獨享烘焙×小食動手做

contents

CHAPTER 3

經典中式點心
Traditional Chinese Dessert

CHAPTER 4

美味小西點
Delicious Patisserie

CHAPTER 01

手感麵包

HANDMADE BREAD

煉乳吐司

手感麵包 × 直接法麵包

INGREDIENTS 使用材料

高筋麵粉	520克	清水	280克
速發酵母	5克	食鹽	8克
煉乳	100克	無鹽奶油（室溫軟化）	50克
動物性鮮奶油	50克		

STEP BY STEP 步驟說明

前置作業

01 將無鹽奶油放置室溫軟化，備用。

02 準備2個12兩的帶蓋吐司模。

03 預熱烤箱至上火、下火200˚c。

麵團製作

04 取攪拌缸，倒入高筋麵粉、速發酵母、煉乳、動物性鮮奶油、清水、食鹽。
→ 因每家麵粉的吸水性不同，所以水量可以事先保留20～30cc，觀察麵團的狀態再決定是否要加入，只要麵團能成團，不黏手、好塑形即可。

05 以桌上型攪拌機慢速攪拌成團後，再轉中速攪打至麵團可拉長，麵團與攪拌缸有拍缸聲，即為麵團開始產生筋性的狀態。

06 以中速攪打至可撐出薄膜，裂口呈現鋸齒的狀態。

07 加入室溫軟化的無鹽奶油。
→ 無鹽奶油軟化狀態為，外觀依舊成形，但手指壓下，可輕鬆留下指痕。

08 以慢速攪打至無鹽奶油被麵團吸收，再轉中速甩打麵團，直至麵團帶有彈性，外觀光滑，用手可撐出強韌的薄膜。

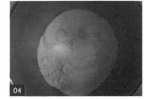
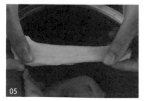
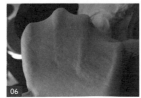

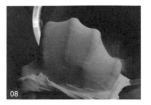

09 薄膜的裂口呈直線狀態，為麵團在完全階段，終溫為25 ～ 26˚c。
→ 終溫為麵團攪拌的溫度。

10 將麵團放入盆內，在溫度26˚c，濕度75%的環境中，進行基礎發酵。

11 若家中無發酵箱，可使用烤箱幫助發酵，將烤箱的電源打開後，放入溫度
計，當溫度到達26˚c時，立刻關掉電源，此時可將盆中的麵團放入烤箱，
並在旁放一碗熱水。
→ 熱水可增加環境裡的濕度，有助於麵團發酵。

12 麵團約發酵60 ～ 90分鐘，至原先體積的2倍大後，用手指沾高筋麵粉，
戳入麵團，呈不回彈的狀態，完成麵團基礎發酵。
→ 時間為參考值，以實際狀態為準。

13 取麵團，並平均分成4份後，將麵團滾圓，以幫助排氣，完成後才能進行
下一步驟。
→ 判斷的狀態為，手壓麵團帶些許彈性的緊度。

14 麵團須鬆弛30分鐘，可在上方覆蓋塑膠袋，以讓麵團保濕。
→ 適度的鬆弛有利於後續的捲擀。

15 適度鬆弛之後，取一份麵團。

16 取擀麵棍，將麵團上下擀開。

17 翻面，將麵團由上往下捲起。

18 重複步驟15-17，依序將其他麵團完成，此動作為第一次捲擀。

19 取一份完成第一次捲擀的麵團，再以擀麵棍擀長。

20 翻面，將麵團由上往下捲起。

21 重複步驟19-20，依序完成其他麵團的整形，此動作為第二次捲擀。

22 將麵團2個為一組，放入12兩的吐司模中，在溫度35˚c，濕度85%的環境中，進行最後發酵。
　→ 若沒有發酵箱，可參考步驟11，用烤箱進行發酵。

23 將麵團發酵至吐司模8分滿，時間約50分鐘。
　→ 發酵時間為參考值，以麵團發酵狀態為主。

24 放入烤箱，以上火、下火200˚c，烘烤28～30分鐘後，即可使用隔熱手套將吐司從烤箱裡取出。

25 將吐司模從20～30公分的高處放下，敲出水氣後，就能馬上脫模，待放涼後切片，即可享用。

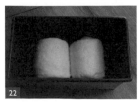

維也納麵包

手感麵包 × 直接法麵包

Ingredients 使用材料

高筋麵粉	230克
低筋麵粉	20克
速發酵母	3克
細砂糖	20克
全脂奶粉	20克
食鹽	4克
清水	160克
無鹽奶油（室溫軟化）	25克

裝飾

蛋液	適量

Step By Step 步驟說明

前置作業

01 將無鹽奶油放置室溫軟化，備用。

02 預熱烤箱至上火、下火200°c。

麵團製作

03 取攪拌缸，倒入高筋麵粉、低筋麵粉、速發酵母、細砂糖、全脂奶粉、食鹽、清水。

⋯ 因每家麵粉的吸水性不同，所以水量可以事先保留 20 ～ 30cc，觀察麵團的狀態再決定是否要加入，只要麵團能成團，不黏手、好塑形即可。

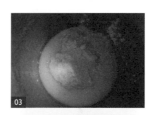

04 以桌上型攪拌機慢速攪拌成團後，再轉中速攪打至麵團可拉長，麵團與攪拌缸有拍缸聲，即為麵團開始產生筋性的狀態。

05 以中速攪打至可撐出薄膜，裂口呈現鋸齒的狀態後，加入室溫軟化的無鹽奶油。

⋯ 無鹽奶油軟化狀態為，外觀依舊成形，但手指壓下，可輕鬆留下指痕。

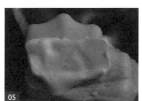

06 以慢速攪打至無鹽奶油被麵團吸收，再轉中速甩打麵團，直至麵團帶有彈性，外觀光滑，用手可撐出強韌的薄膜。

07 薄膜的裂口呈直線狀態，為麵團在完全階段，終溫為26°c。
⋯ 終溫為麵團攪拌的溫度。

08 將麵團放入盆內，在溫度26°c，濕度75%的環境中，進行基礎發酵。

09 若家中無發酵箱，可使用烤箱幫助發酵，將烤箱的電源打開後，放入溫度計，當溫度到達26°c時，立刻關掉電源，此時可將盆中的麵團放入烤箱，並在旁放一碗熱水。
⋯ 熱水可增加環境裡的濕度，有助於麵團發酵。

10 麵團約發酵45～60分鐘，至原先體積的2倍大後，用手指沾高筋麵粉，戳入麵團，呈不回彈的狀態，完成麵團基礎發酵。
⋯ 時間為參考值，以實際狀態為準。

11 將麵團分成5份（每份約95克）後，將麵團滾圓，以幫助排氣。
⋯ 判斷的狀態為，手壓麵團帶些許彈性的緊度。

12 麵團須鬆弛20分鐘，可在上方覆蓋塑膠袋，以讓麵團保濕。
⋯ 適度的鬆弛有利於後續的捲擀。

13 適度鬆弛之後，取一份麵團。

14 取擀麵棍，將麵團上下擀開。

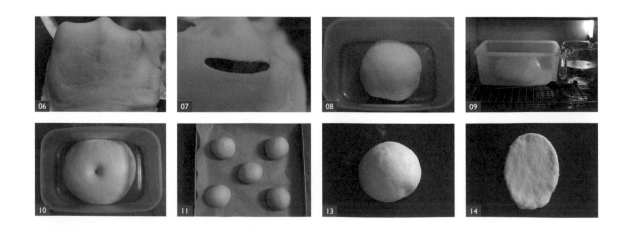

15 翻面，轉90度後，將麵團拉出四個角，橫面長度約15公分。

16 將麵團由上往下捲起，麵團整形完成。

17 重複步驟13-16，依序完成其他麵團的整形。

18 以麵包割刀在整形好的麵團上，以1 ～ 1.5公分的間距畫出斜直線。

19 將麵團放入溫度35˚c，濕度85%的環境中，進行最後發酵。
⋯ 若沒有發酵箱，可參考步驟9，用烤箱進行發酵。

20 麵團約發酵60分鐘，至原先體積2倍大。
⋯ 發酵時間為參考值，以麵團發酵狀態為主。

21 放入烤箱前，可在麵團表面刷上蛋液，以增加成品色澤。
⋯ 刷蛋液可視個人喜好斟酌。

22 放入烤箱，以上火、下火200˚c，烘烤13 ～ 15分鐘，至表面上色，即可使用隔熱手套將麵包從烤箱中取出、享用。

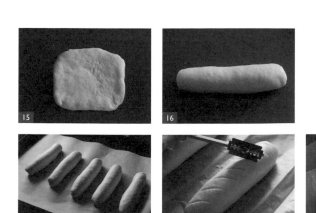

香蒜小麵包

手感麵包 × 直接法麵包

使用材料

高筋麵粉	230克
低筋麵粉	20克
速發酵母	3克
細砂糖	30克
無糖希臘優格	30克
全蛋	30克
清水	120克
食鹽a	3克
無鹽奶油a（室溫軟化）	20克

香蒜奶油醬

無鹽奶油b（室溫軟化）	30克
蒜泥	13 ～ 15克
食鹽b	少許（約0.5克）
細砂糖	5克
巴西利葉（或青蔥）	3 ～ 5克

STEP BY STEP 步驟說明

前置作業

01 將無鹽奶油a、b分別放置室溫軟化，備用。

02 預熱烤箱至上火170˚c、下火190˚c。

香蒜奶油醬製作

03 將室溫軟化的無鹽奶油b、蒜泥、食鹽b、細砂糖、巴西利葉（或青蔥）放入攪拌盆中。
→ 若喜愛台式風味，可選擇加入青蔥。

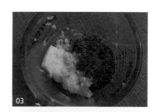

04 以刮刀拌勻，即完成香蒜奶油醬。

05 將香蒜奶油醬裝入擠花袋或三明治袋中，並在尖端剪一小開口，備用。

麵團製作

06 取攪拌缸，倒入高筋麵粉、低筋麵粉、速發酵母、細砂糖、無糖希臘優格、全蛋、清水、食鹽a。
→ 因每家麵粉的吸水性不同，所以水量可以事先保留10 ～ 20cc，觀察麵團的狀態再決定是否要加入，只要麵團能成團，不黏手、好塑形即可。

07 以桌上型攪拌機慢速攪拌成團後，再轉中速攪打至麵團可拉長，麵團與攪拌缸有拍缸聲，即為麵團開始產生筋性的狀態。

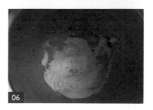

08 以中速攪打至可撐出厚膜，加入室溫軟化的無鹽奶油a。

→ 無鹽奶油軟化狀態為，外觀依舊成形，但手指壓下，可輕鬆留下指痕。

09 以慢速攪打至無鹽奶油a被麵團吸收，再轉中速甩打麵團，直至麵團帶有彈性，外觀光滑，用手可撐出強韌的薄膜。

10 薄膜的裂口呈直線狀態，為麵團在完全階段，終溫為26˚c。

→ 終溫為麵團攪拌的溫度。

11 將麵團放入盆內，在溫度28˚c，濕度75%的環境中，進行基礎發酵。

12 若家中無發酵箱，可使用烤箱幫助發酵，將烤箱的電源打開後，放入溫度計，當溫度到達28˚c時，立刻關掉電源，此時可將盆中的麵團放入烤箱，並在旁放一碗熱水。

→ 熱水可增加環境裡的濕度，有助於麵團發酵。

13 麵團約發酵50 ～ 60分鐘，至原先體積的2倍大後，用手指沾高筋麵粉，戳入麵團，呈不回彈的狀態，完成麵團基礎發酵。

→ 時間為參考值，以實際狀態為準。

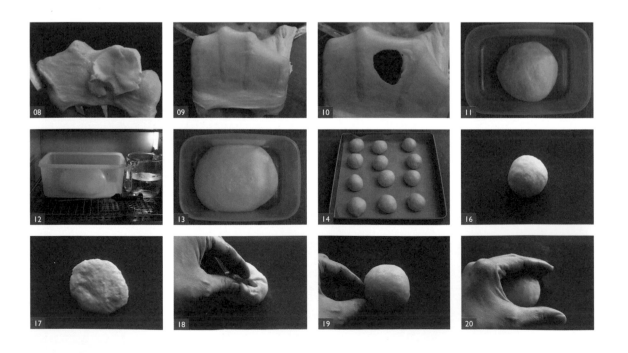

分割整形、中間發酵

14 將麵團平均分12份後,將麵團滾圓,以幫助排氣,完成後才能進行下一步驟。
→ 判斷的狀態為,手壓麵團帶些許彈性的緊度。

15 麵團須鬆弛15分鐘,可在上方覆蓋塑膠袋,以讓麵團保濕。
→ 適度的鬆弛有利於後續的捲捍。

16 適度鬆弛之後,取一份麵團。

17 將光滑面朝上,徒手壓扁。

18 將麵團翻面,用手將麵團的四個邊角,往中心收摺。

19 翻轉收摺後的麵團,將光滑面朝上。

20 用虎口將麵團揉圓,即完成整形。

21 重複步驟16-20,依序完成其他麵團的整形。

最後發酵、烘烤

22 將麵團放入溫度35°c,濕度85%的環境中,進行最後發酵,約發酵45～50分鐘,至原先體積的2倍大。
→ 若沒有發酵箱,可參考步驟12,用烤箱進行發酵。

23 以鋒利刀具,在麵團中間劃一條直線。

24 在劃開的直線上,擠入香蒜奶油醬。

25 放入烤箱,以上火170°c、下火190°c,烘烤12～13分鐘,至表面及底部均勻上色,即可使用隔熱手套將麵包從烤箱中取出、享用。

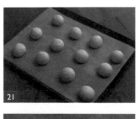

藍莓黑西哥麵包

手感麵包 × 直接法麵包

INGREDIENTS 使用材料

高筋麵粉	300克
速發酵母	3克
細砂糖	40克
全蛋a	30克
無糖希臘優格	45克
清水	130克
食鹽	5克
無鹽奶油a（室溫軟化）	30克

墨西哥醬

無鹽奶油b（室溫軟化）	70克
糖粉	60克
全蛋b（放置常溫）	70克
低筋麵粉	70克
香草醬	2克

裝飾

藍莓	6顆（須準備8份）
蛋液	適量

前置作業

01 將無鹽奶油a、b放置室溫軟化；以篩網過篩糖粉、低筋麵粉，備用。

02 預熱烤箱至上火190˚c、下火200˚c。

墨西哥醬製作

03 將室溫軟化的無鹽奶油b，放入攪拌盆。
 ⤷ 無鹽奶油軟化狀態為，外觀依舊成形，但手指壓下，可輕鬆留下指痕。

04 加入已過篩的糖粉。

05 以刮刀拌勻無鹽奶油b、糖粉。

06 分2次加入回復常溫的全蛋b。
 ⤷ 全蛋須為常溫，並分次加入無鹽奶油中，才不會導致油水分離，造成結成小塊拌
  不開的狀態。

07 以刮刀拌勻蛋奶糖液。

08 加入已過篩的低筋麵粉。

09 以刮刀拌勻所有材料後，加入香草醬拌勻，即完成墨西哥醬。
 ⤷ 加入香草醬是為了增加風味，可自行斟酌是否加入，因加入的量少，不影響比例。

10 將墨西哥醬裝入擠花袋或三明治袋中，並在尖端剪一小開口，備用。

11　取攪拌缸，倒入高筋麵粉、速發酵母、細砂糖、全蛋a、無糖希臘優格、
清水、食鹽。
⋯ 因每家麵粉的吸水性不同，所以水量可以事先保留10～20cc，觀察麵團的狀態
再決定是否要加入，只要麵團能成團，不黏手、好塑形即可。

12　以桌上型攪拌機慢速攪拌成團後，再轉中速攪打至麵團可拉長，麵團與攪
拌缸有拍缸聲，即為麵團開始產生筋性的狀態。

13　加入室溫軟化的無鹽奶油a。
⋯ 無鹽奶油軟化狀態為，外觀依舊成形，但手指壓下，可輕鬆留下指痕。

14　以慢速攪打至無鹽奶油a被麵團吸收，再轉中速甩打麵團，直至麵團帶有
彈性，外觀光滑，用手可撐出強韌的薄膜。

15　薄膜的裂口呈直線狀態，為麵團在完全階段，終溫為26˚c～28˚c。
⋯ 終溫為麵團攪拌的溫度。

16　將麵團放入盆內，在溫度28˚c，濕度75%的環境中，進行基礎發酵。

17　若家中無發酵箱，可使用烤箱幫助發酵，將烤箱的電源打開後，放入溫度
計，當溫度到達28˚c時，立刻關掉電源，此時可將盆中的麵團放入烤箱，
並在旁放一碗熱水。
⋯ 熱水可增加環境裡的濕度，有助於麵團發酵。

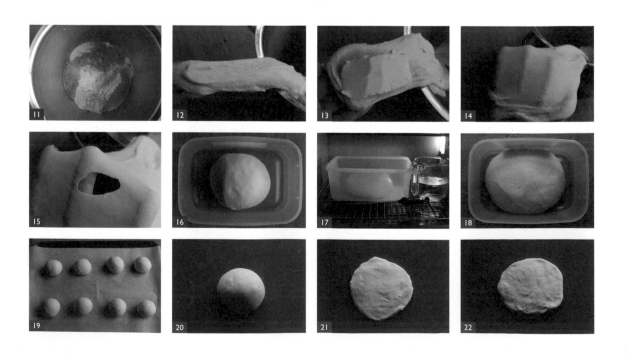

18 麵團約發酵50～60分鐘，至原先體積的2倍大後，用手指沾高筋麵粉，戳入麵團，呈不回彈的狀態，完成麵團基礎發酵。

⋯ 時間為參考值，以實際狀態為準。

19 將麵團平均分8份（每份約68克）後，將麵團滾圓，以幫助排氣，完成後才能進行下一步驟。

⋯ 判斷的狀態為，手壓麵團帶些許彈性的緊度。

20 麵團須鬆弛15分鐘，可在上方覆蓋塑膠袋，以讓麵團保濕。

⋯ 適度的鬆弛有利於後續的捲捍。

21 適度鬆弛之後，取一份麵團，將光滑面朝上，徒手壓扁。

22 承步驟21，將麵團翻面。

23 將麵團由上往下捲起。

24 承步驟23，將麵團搓成長條形，長約40公分。

25 將長條形麵團繞出一個小圓（左端A1短、右端A2長）。

26 將A2端由下往上穿入小圓，打一個單節。

27 將A2端擺放至4點鐘方向。

28 將A2端剩餘麵團，再次由下往上穿入小圓，麵團尾端停在6點鐘方向。

29 將麵團的A1和A2端的尾端接合。

30 須確實將兩端接合，在烘烤時才不易彈開。

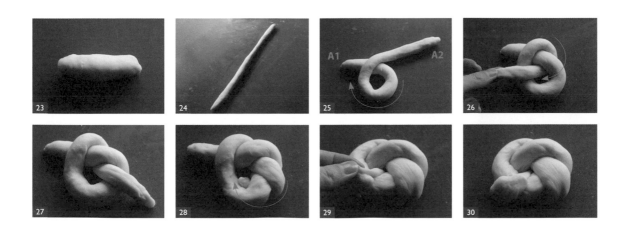

31 如圖，花形麵團完成。
　→ 因為花形的整形方式有起伏，非圓球面狀，所以在放入墨西哥醬時，較不易外溢出烘烤紙杯，或積在邊緣。

32 將花形麵團翻面，使接合處朝下。

33 將花形麵團放入直徑10公分、高2.5公分的圓形烘烤紙杯中，即完成整形。

34 重複步驟21-33，依序完成其他麵團的整形後，將花形麵團放入溫度35˚c，濕度85%的環境中，進行最後發酵，約發酵至近兩倍大，時間約45 ～ 50分鐘。
　→ 發酵時間為參考值，以麵團發酵狀態為主；若沒有發酵箱，可參考步驟17，用烤箱進行發酵。

35 放入烤箱前，可在花形麵團表面刷上蛋液，以增加成品色澤。
　→ 刷蛋液可視個人喜好斟酌。

36 在每顆花形麵團表面，以波浪狀方式，擠上約25 ～ 30克墨西哥醬。
　→ 墨西哥醬若用量過多，烘烤時會溢出烘烤紙杯外，影響整體外觀。

37 在墨西哥醬表面放上藍莓。
　→ 可使用新鮮或冷凍的藍莓；數量可依個人喜好斟酌放入。

38 放入烤箱，以上火190˚c、下火200˚c，烘烤12 ～ 13分鐘，至表面上色，即可使用隔熱手套將麵包從烤箱中取出、享用。

05

麵包蛋糕抱抱捲

INGREDIENTS 使用材料

蛋糕捲

植物油	50克
低筋麵粉a	65克
全脂鮮奶	70克
蛋黃	5顆
冰蛋白	5顆
細砂糖a	65克
檸檬汁（或白醋）	½小匙

麵包體

高筋麵粉	225克
低筋麵粉b	25克
速發酵母	3克
煉乳	50克
細砂糖b	15克
全蛋	30克
清水	100 ～ 110克
食鹽	4克
無鹽奶油（室溫軟化）	30克

內餡

市售草莓果醬	100 ～ 120克

夾餡

動物性鮮奶油	150克
細砂糖c	15克

前置作業

01 將無鹽奶油放置室溫軟化;以篩網過篩低筋麵粉a,備用。

02 預熱烤箱至上火210°c、下火130°c。

03 準備一個28×28×3.5公分的方形烤盤,並鋪上烘焙紙(或烘焙布)。

STAGE 01 / 蛋糕捲製作

蛋黃麵糊製作

04 將植物油倒入攪拌盆。

··→ 建議加入氣味淡的植物油,氣味濃烈的油,例如:花生油、芝麻油、橄欖油等,均不建議。

05 加入已過篩的低筋麵粉a。

06 以手持球型打蛋器將植物油和低筋麵粉a拌勻,為麵糊。

07 加入全脂鮮奶。

08 以手持球型打蛋器拌勻全脂鮮奶和麵糊,為奶麵糊。

09 加入蛋黃,以手持球型打蛋器將奶麵糊與蛋黃拌勻。

10 如圖,蛋黃麵糊完成,須呈現具有流動性的狀態。

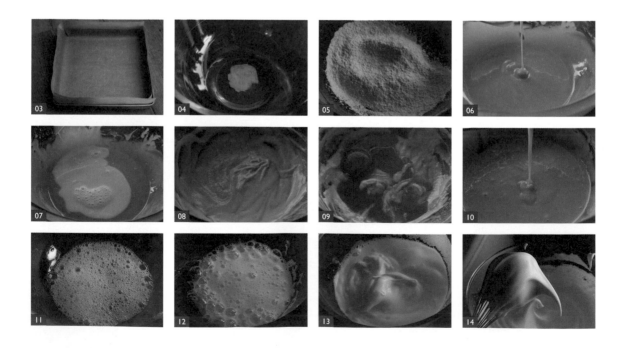

11 將冰蛋白倒入乾淨無水、無油的攪拌盆中後，加入檸檬汁，取手持電動攪拌器，以中高速攪打至大氣泡出現後，加入⅓量的細砂糖a。

→ ❶以冰蛋白製作，可以讓蛋白霜呈現細緻光亮狀態。當蛋白溫度太高，蛋白霜會呈現粗糙不具光亮感；❷檸檬汁可用白醋代替，以讓蛋白霜的狀態穩定。

12 以中速攪打至蛋白出現細小泡泡，再加入⅓量的細砂糖a，繼續攪打。

13 以中速攪打至出現紋路後，加入最後⅓量的細砂糖a，繼續攪打。

14 以中速攪打至出現大彎鉤，此時蛋白狀態雖到達，但細緻度仍不足。

15 將攪拌頭提起前，轉為低速攪打30秒，讓大氣泡排出，蛋白霜更加細緻，帶有絲滑光澤度，完成蛋白霜製作。

16 取⅓量的蛋白霜，加入蛋黃麵糊中，以手持球型打蛋器拌勻。

17 將拌勻的蛋黃麵糊，再倒回剩餘的⅔蛋白霜中，以刮刀拌勻，為蛋糕糊。

18 將蛋糕糊倒入已鋪烘焙紙的方形烤盤中。

19 以刮刀將蛋糕糊表面抹平。

20 放入烤箱中下層，以上火210˚c、下火130˚c，烘烤11～13分鐘，至表面上色；再調整溫度為上火170˚c、下火130˚c，續烤12分鐘，至蛋糕體完全熟成。

21 使用隔熱手套將蛋糕體從烤箱裡取出，置於烤架上後，撕掉蛋糕體四邊的烘焙紙，加速散熱。

22 將蛋糕體置於室溫，放涼，並將烘焙紙輕放在蛋糕表面，不用壓密貼合，否則會無法散熱。

→ 在蛋糕表面鋪上烘焙紙，可防止蛋糕表面變乾燥。

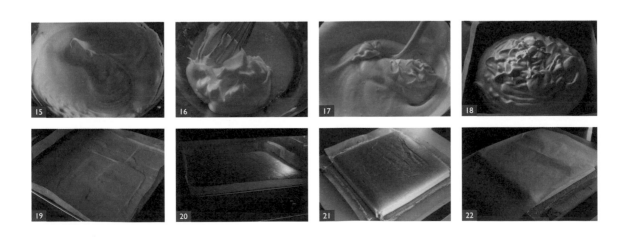

23　待蛋糕體涼後翻面，並移到新的烘焙紙上後，撕去蛋糕體底部的烘焙紙。
→ 新的烘焙紙須比蛋糕體寬大，捲蛋糕捲用。

24　以蛋糕刀裁切靠近自己那側的蛋糕體邊緣，使蛋糕捲中心點，會較為美觀。
→ 此蛋糕捲製作，建議烤面朝外捲起。

25　取蛋糕刀將距離自己較遠那側的蛋糕體邊緣，以45度斜角裁切，使接合處能更加貼合美觀。

26　在蛋糕體底部均勻塗上草莓果醬。
→ 果醬建議勿少於100克，易抹不均勻；但也勿多於120克，易太濕。

27　以長棍為輔助，將蛋糕體捲起後，置於冰箱冷藏20 ～ 30分鐘，使蛋糕捲定型。
→ 可參考蛋糕捲捲法P.130。

28　從冰箱取出蛋糕捲，並將烘焙紙移除，即完成蛋糕捲製作。

STAGE 02 ／ 麵包製作

29　取攪拌缸，倒入高筋麵粉、低筋麵粉b、速發酵母、煉乳、細砂糖b、全蛋、清水、食鹽。
→ ❶麵包建議在蛋糕出爐時，就開始攪打麵團；❷因每家麵粉的吸水性不同，所以水量可以事先保留20 ～ 30cc，觀察麵團的狀態再決定是否要加入，只要麵團能成團，不黏手、好塑形即可。

30　以桌上型攪拌機慢速攪拌成團後，再轉中速攪打至麵團可拉長，麵團與攪拌缸有拍缸聲，即為麵團開始產生筋性的狀態。

31　以中速攪打至可撐出薄膜，裂口呈現鋸齒的狀態。

麵團製作

32 加入已室溫軟化的無鹽奶油。

→ 無鹽奶油軟化狀態為，外觀依舊成形，但手指壓下，可輕鬆留下指痕。

33 以慢速攪打至無鹽奶油被麵團吸收，再轉中速甩打麵團，直至麵團帶有彈性，外觀光滑，用手可撐出強韌的薄膜。

34 薄膜的裂口呈直線狀態，為麵團在完全階段，終溫為25˚c ～ 26˚c。

→ 終溫為麵團攪拌的溫度。

基礎發酵

35 將麵團放入盆內，在溫度26˚c，濕度75%的環境中，進行基礎發酵。

36 若家中無發酵箱，可使用烤箱幫助發酵，將烤箱的電源打開後，放入溫度計，當溫度到達26˚c時，立刻關掉電源，此時可將盆中的麵團放入烤箱，並在旁放一碗熱水。

→ 熱水可增加環境裡的濕度，有助於麵團發酵。

37 麵團約發酵60分鐘，至原先體積的2倍大後，用手指沾高筋麵粉，戳入麵團，呈不回彈的狀態，完成麵團基礎發酵。

→ 時間為參考值，以實際狀態為準。

分割整形、中間發酵

38 將麵團平均分12份，將麵團滾圓，以幫助排氣，完成後才能進行下一步驟。

→ 判斷的狀態為，手壓麵團帶些許彈性的緊度。

39 麵團須鬆弛20分鐘，可在上方覆蓋塑膠袋，以讓麵團保濕。

→ 適度的鬆弛有利於後續的捲擀。

40 適度鬆弛之後，取一份麵團。

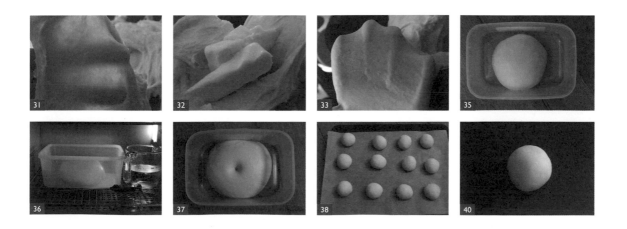

41 將光滑面朝上，徒手壓扁，以幫助排氣。

42 取擀麵棍，將麵團上下擀開，呈現牛舌狀。

43 翻面，轉90度後，將麵團拉出四個角。

44 將麵團由上往下捲起。

45 將麵團搓成長條形，長約22～24公分，為長條形麵團。

46 重複步驟40-45，依序完成其他麵團的整形。

47 在已鋪烘焙紙的方形烤盤上，將12份長條形麵團，在28公分內，等距排開。
⋯ 因蛋糕捲長度為28公分，故不可超過28公分。

48 將蛋糕捲底部（接合處）朝上，置於長條形麵團上方。

49 依序將長條形麵團的兩端往上繞，並捏密合，為蛋糕麵包捲。

50 將蛋糕麵包捲翻面，將底部（接合處）朝下。

51 將麵團放入溫度35℃，濕度75%的環境中，進行最後發酵。
⋯ 若沒有發酵箱，可參考步驟36，用烤箱進行發酵。

52 發酵至麵團幾乎貼在一起，時間約40～50分鐘。
⋯ 發酵時間為參考值，以麵團發酵狀態為主。

53 放入烤箱,以上火、下火200˚c,烘烤11分鐘,至表面上色,即可使用隔熱手套將蛋糕麵包捲從烤箱中取出。

→ 麵包表面上色時,須馬上出爐,才不會因過度烘烤,而影響口感。

STAGE 03 / 夾餡製作及組合

54 將動物性鮮奶油、細砂糖c放入攪拌盆中。

55 使用電動攪拌機,攪打至尾端直立狀態後,即完成鮮奶油餡製作。

56 將鮮奶油餡裝入已套入擠花嘴的擠花袋或三明治袋中,並在尖端剪一小開口,備用。

57 取蛋糕刀,以兩條麵包切一刀的方式,將蛋糕麵包捲切開。

→ 放涼後,可直接享用,此步驟開始為變化吃法。

58 重複步驟57,依序將蛋糕麵包捲切開。

59 任取一個已切開的蛋糕麵包捲,再以蛋糕刀從中間切開。

60 承步驟59,在切開的蛋糕麵包捲中間,擠入鮮奶油餡,即可享用。

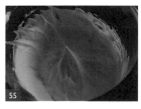

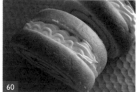

◆

||| TIPS |||

❋ 為確保製作流程的順暢,請先製作蛋糕捲,再製作麵包體。

❋ 此款蛋糕捲的製作稱為「後蛋法」,指蛋黃後加入,有別於先將蛋黃、油乳化拌勻的操作方式,使用後蛋法,須先將油、麵粉拌勻,讓麵粉表面被油脂包覆,麵粉才不易出筋,口感也會更加輕盈。

❋ 此款蛋糕捲與麵包體配方有特別設計。蛋糕捲,經過第二次與麵包烘烤出爐,蛋糕體仍非常濕潤,成品建議夾鮮奶油餡享用,但未食用完,則須冷藏保存,麵包體經過冷藏後,再取出食用,口感也極佳。

06

原味貝果

手感麵包 × 貝果

INGREDIENTS 使用材料

高筋麵粉	300克
速發酵母	3克
細砂糖a	10克
食鹽	5克
無鹽奶油	10克
清水a	160克

糖水

清水b	1000克
細砂糖b	80克
蜂蜜	20克

STEP BY STEP 步驟說明

前置作業

01 預熱烤箱至上火、下火220˚c（有風扇功能）；上火230˚c、下火200˚c（無風扇功能）。

麵團製作、基礎發酵

02 取攪拌缸，倒入高筋麵粉、速發酵母、細砂糖a、食鹽、無鹽奶油、清水a。
┅ 因此貝果製作總水量不高，所以無鹽奶油在此步驟與食材一起攪打。

03 以桌上型攪拌機慢速攪拌成團後，再轉中速攪打至麵團可拉長，麵團與攪拌缸有拍缸聲，此時麵團光滑具延展性，可拉長已產生筋性的狀態。

04 以中速攪打至可撐出厚膜，裂口呈現鋸齒的狀態。

05 將麵團放入盆內，在溫度26˚c，濕度75%的環境中，進行基礎發酵30分鐘。

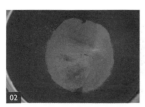  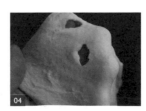 

06　將麵團平均分成6份，每份約78～80克。

07　將麵團滾圓後，進行鬆弛（中間發酵）20分鐘，可在上方覆蓋塑膠袋，以讓麵團保濕。

08　適度鬆弛之後，取一份麵團。

09　以擀麵棍將麵團上下擀開。

10　翻面，轉90度，將麵團上下擀成長方形後，再將麵團拉出四個角。

11　將麵團由上往下捲起。

12　將麵團用手搓長後，再將A1端搓尖，A2端維持原狀。

13　將A2端，以擀麵棍擀平、擀寬，呈現杓狀。

14　將A1端放置在A2端上方。

15　將A2端的杓狀向上包覆A1端，並捏緊收口。

16　如圖，完成整形，呈現圓圈狀。

17　重複步驟8-16，依序完成其他麵團的整形。

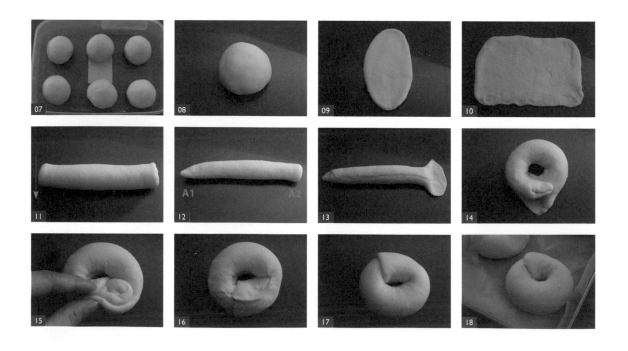

18　在溫度33˚c，濕度85%的環境中，最後發酵30分鐘。

19　發酵至原先體積的1.5倍大。

　　┈ 發酵時間為參考值，以麵團發酵狀態為主。

20　在鍋中倒入清水b、細砂糖b、蜂蜜，將溫度加熱至約80˚c，為鍋內的水微翻騰，冒小泡泡的狀態。

21　在鍋中放入已發酵的貝果燙煮30秒。

22　以勺子將貝果翻面，讓兩面都被燙煮。

　　┈ 每面各燙煮30秒，兩面共燙煮1分鐘。

23　將貝果撈起後，放入已鋪烘焙紙的烤盤上。

24　貝果撈起後，須馬上放進烤箱，開啟風扇功能，以上火、下火220˚c，烘烤13分鐘。

　　┈ 若烤箱無風扇功能，可調整為上火230˚c、下火200˚c，烘烤13分鐘。

25　烤至貝果表面上色，手指輕彈表面時，有清脆聲，即可使用隔熱手套將貝果從烤箱中取出、享用。

◆

‖ TIPS ‖

❀ 除了帶蓋吐司外，一般在烤麵包時，不建議開啟風扇功能，尤其大體積麵包。

❀ 烘烤此款貝果時，透過開啟風扇功能，爐溫會升高約10 ～ 20˚c，利用短時間的高溫，使貝果受熱膨脹，外皮呈現薄且有脆度、內部柔軟，之後因出爐後遇到溫差，而使貝果產生裂紋。

07

抹茶蔓越莓乳酪貝果

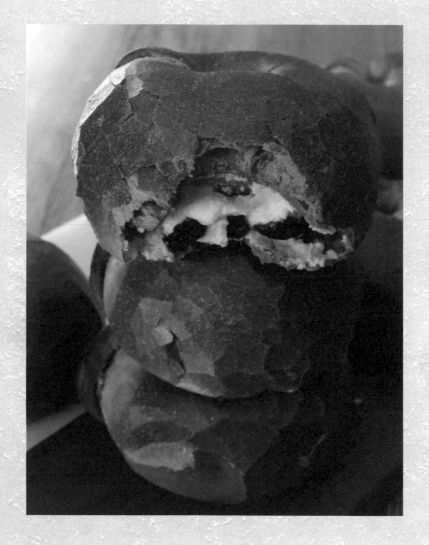

手感麵包 × 貝果

◆

||| TIPS |||

※ 除了帶蓋吐司外，一般在烤麵包時，不建議開啟風扇功能，尤其大體積麵包。

※ 烘烤此款貝果時，透過開啟風扇功能，爐溫會升高約10～20°c，利用短時間的高溫，使貝果受熱膨脹，外皮呈現薄且有脆度、內部柔軟，之後因出爐後遇到溫差，而使貝果產生裂紋。

高筋麵粉 ────────────── 300克
速發酵母 ────────────── 3克
蜂蜜a ──────────────── 15克
食鹽 ─────────────── 5克
抹茶粉 ────────────── 10克
無鹽奶油 ───────────── 10克
清水a ─────────────── 170克

糖水

清水b ──────────────── 1000克
細砂糖 ────────────── 80克
蜂蜜b ──────────────── 20克

內餡

奶油乳酪（室溫軟化）──────── 120克
糖粉 ─────────────── 12克
蔓越莓果乾 ───────── 5克（6份）

STEP BY STEP 步驟說明

前置作業

01 預熱烤箱至上火、下火220˚c（有風扇功能）；上火230˚c、下火200˚c（無風扇功能）。

內餡製作

02 將室溫軟化的奶油乳酪、糖粉放入攪拌盆中，以刮刀拌勻。

03 將內餡裝入擠花袋或三明治袋，備用。
　⟶ 若天氣炎熱，可放置冷藏備用，以免內餡過軟，不利於整形。

麵團製作、基礎發酵

04 取攪拌缸，倒入高筋麵粉、速發酵母、蜂蜜a、食鹽、抹茶粉、無鹽奶油、清水a。
　⟶ 因此貝果製作總水量不高，所以無鹽奶油在此步驟與食材一起攪打。

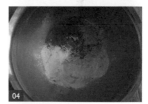

05 以桌上型攪拌機慢速攪拌成團後，再轉中速攪打至麵團可拉長，麵團與攪拌缸有拍缸聲，此時麵團光滑具延展性，可拉長已產生筋性的狀態。

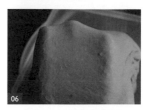

06 以中速攪打至可撐出厚膜。

07 將麵團放入盆內，在溫度26˚c，濕度75%的環境中，進行基礎發酵30分鐘。

08　將麵團平均分成6份，每份約85克。

09　將麵團滾圓後，進行鬆弛（中間發酵）20分鐘，可在上方覆蓋塑膠袋，以讓麵團保濕。

10　適度鬆弛之後，取一份麵團。

11　以擀麵棍將麵團上下擀開。

12　翻面，轉90度，將麵團上下擀成長方形後，再將麵團拉出四個角。

13　將擠花袋（三明治袋）的尖端剪一小開口，擠出約20克的內餡後，放上5克蔓越莓果乾。

→ 麵團上下兩端須預留空間，以便於塑形。

14　將麵團由上往下捲起。

→ 捲第一圈時，可捲緊些，使內餡不易鬆散。

15　將麵團兩端壓扁密合。

→ 以免進行下一個操作時，餡料爆出。

16　將麵團用手搓長後，再將A1端搓尖，並將A2端以擀麵棍擀平、擀寬，呈現杓狀。

17　將A1端放置在A2端上方。

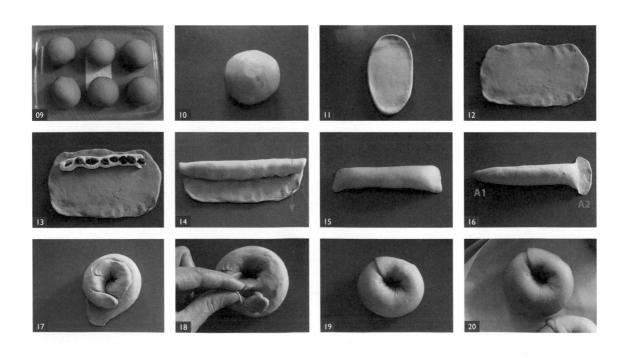

18　將A2端的杓狀向上包覆A1端，並捏緊收口。

19　如圖，完成整形，呈現圓圈狀。

20　重複步驟10-19，依序完成其他麵團的整形。

21　在溫度33˚c，濕度85%的環境中，最後發酵30分鐘。

22　發酵至原先體積的1.5倍大。
　　⋯ 發酵時間為參考值，以麵團發酵狀態為主。

23　在鍋中倒入清水b、細砂糖、蜂蜜b，將溫度加熱至約80˚c，為鍋內的水微翻騰，冒小泡泡的狀態。

24　在鍋中放入已發酵的貝果燙煮30秒。

25　以勺子將貝果翻面，讓兩面都被燙煮。
　　⋯ 每面各燙煮30秒，兩面共燙煮1分鐘。

26　將貝果撈起後，放入已鋪烘焙紙的烤盤上。

27　貝果撈起後，須馬上放進烤箱，開啟風扇功能，以上火、下火220˚c，烘烤13分鐘。
　　⋯ 若烤箱無風扇功能，可調整為上火230˚c、下火200˚c，烘烤13分鐘。

28　烤至貝果表面上色，手指輕彈表面時，有清脆聲，即可使用隔熱手套將貝果從烤箱中取出、享用。

08

黑鑽臘腸貝果

手感麵包 × 貝果

INGREDIENTS 使用材料　　　此配方可製作 6 顆

高筋麵粉	300克
速發酵母	3克
墨魚粉	5克
蜂蜜a	10克
食鹽	5克
無鹽奶油	7克
清水a	170克

糖水

清水b	1000克
細砂糖	80克
蜂蜜b	20克

內餡

臘腸（或火腿，切小丁）	
	15克（6份，共90克）
乳酪絲	10克（6份，共60克）

◆

‖ TIPS ‖

❀ 選用墨魚粉是因墨魚粉與臘腸（火腿）很搭，可增添食用時的味覺感受；若不方便取得，可用等量竹炭粉取代，但利用竹炭粉只能產生視覺的黑鑽感。

❀ 除了帶蓋吐司外，一般在烤麵包時，不建議開啟風扇功能，尤其大體積麵包。

❀ 烘烤此款貝果時，透過開啟風扇功能，爐溫會升高約10～20˚c，利用短時間的高溫，使貝果受熱膨脹，外皮呈現薄且有脆度、內部柔軟，之後因出爐後遇到溫差，而使貝果產生裂紋。

STEP BY STEP 步驟說明

前置作業

01 預熱烤箱至上火、下火220˚c（有風扇功能）；上火230˚c、下火200˚c（無風扇功能）。

麵團製作、基礎發酵

02 取攪拌缸，倒入高筋麵粉、速發酵母、墨魚粉、蜂蜜a、食鹽、無鹽奶油、清水a。
⋯ 因此貝果製作總水量不高，所以無鹽奶油在此步驟與食材一起攪打。

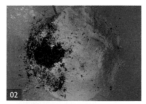

03 以桌上型攪拌機慢速攪拌成團後，再轉中速攪打至麵團可拉長，麵團與攪拌缸有拍缸聲，此時麵團光滑具延展性，可拉長已產生筋性的狀態。

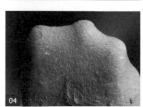

04 以中速攪打至可撐出厚膜。

05 將麵團放入盆內，在溫度26˚c，濕度75%的環境中，進行基礎發酵30分鐘。

06 　將臘腸（或火腿）切小丁；乳酪絲可用起司片取代，但須切成小丁狀，以便包入內餡。

07 　將麵團平均分成6份，每份約80克。

08 　將麵團滾圓後，進行鬆弛（中間發酵）20分鐘，可在上方覆蓋塑膠袋，以讓麵團保濕。

09 　適度鬆弛之後，取一份麵團。

10 　以擀麵棍將麵團上下擀開。

11 　翻面，轉90度，將麵團上下擀成長方形後，再將麵團拉出四個角。

12 　取內餡，分別放上10克乳酪絲與15克臘腸丁（或火腿丁）。
　　⋯ 麵團上下兩端須預留空間，以便於塑形。

13 　將麵團由上往下捲起。
　　⋯ 捲第一圈時，可捲緊些，使內餡不易鬆散。

14 　承步驟13，順著同方向，將麵團捲至尾端。

15 　將麵團兩端壓扁密合。
　　⋯ 以免進行下一個操作時，餡料爆出。

16　將麵團用手搓長後，再將A1端搓尖，並將A2端以擀麵棍擀平、擀寬，呈現杓狀。

17　將A1端放置在A2端上方。

18　將A2端的杓狀向上包覆A1端，並捏緊收口。

19　如圖，完成整形，呈現圓圈狀。

20　重複步驟9-19，依序完成其他麵團的整形。

21　在溫度33°c，濕度85%的環境中，最後發酵30分鐘。

22　發酵至原先體積的1.5倍大。
　　⋯ 發酵時間為參考值，以麵團發酵狀態為主。

23　在鍋中倒入清水b、細砂糖、蜂蜜b，將溫度加熱至約80°c，為鍋內的水微翻騰，冒小泡泡的狀態。

24　在鍋中放入已發酵的貝果燙煮30秒，並以勺子將貝果翻面，讓兩面都被燙煮。
　　⋯ 每面各燙煮30秒，兩面共燙煮1分鐘。

25　將貝果撈起後，放入已鋪烘焙紙的烤盤上。

26　貝果撈起後，須馬上放進烤箱，開啟風扇功能，以上火、下火220°c，烘烤13分鐘。
　　⋯ 若烤箱無風扇功能，可調整為上火230°c、下火200°c，烘烤13分鐘。

27　烤至貝果表面上色，手指輕彈表面時，有清脆聲，即可使用隔熱手套將貝果從烤箱中取出、享用。

09

鹹奶油貝果

手感麵包 × 貝果

INGREDIENTS 使用材料

老麵

高筋麵粉a	100克
速發酵母a	0.5克
清水a	65克

主麵團

高筋麵粉b	250克
老麵	50克
速發酵母b	3克
全脂奶粉	10克
細砂糖a	10克

清水b	140克
食鹽	5克
無鹽奶油	10克

糖水

清水c	1000克
細砂糖b	80克
蜂蜜	20克

內餡

有鹽奶油	10克（6份）
白芝麻	適量

‖ TIPS ‖

❀ 除了帶蓋吐司外，一般在烤麵包時，不建議開啟風扇功能，尤其大體積麵包。

❀ 烘烤此款貝果時，透過開啟風扇功能，爐溫會升高約10 ～ 20°c，利用短時間的高溫，使貝果受熱膨脹，外皮呈現薄且有脆度、內部柔軟，之後因出爐後遇到溫差，而使貝果產生裂紋。

STEP BY STEP 步驟說明

前置作業

01 預熱烤箱至上火、下火220°c（有風扇功能）；上火230°c、下火200°c（無風扇功能）。

內餡製作

02 從冷藏取出有鹽奶油，並切成約10克的條狀，共切6份後，再放回冰箱冷藏，以防止有鹽奶油融化。

→ 有鹽奶油切割為條狀，有利於整形；可在麵團鬆弛時分切有鹽奶油。

03　取攪拌缸，倒入高筋麵粉a、速發酵母a、清水a，並以桌上型攪拌機慢速攪打至光滑帶彈性。

04　放入密封盒後，室溫靜置1小時。

05　蓋上密封盒盒蓋，放入冰箱冷藏20～24小時，發酵至原先體積的2～3倍大。

06　如圖，發酵完的老麵，組織細密、帶有麵香，沒有發酸的味道，取出50克老麵，備用。

07　取攪拌缸，倒入高筋麵粉b、50克老麵（不用回溫）、速發酵母b、全脂奶粉、細砂糖a、清水b、食鹽、無鹽奶油。

　　→ 因此貝果製作總水量不高，所以無鹽奶油在此步驟與食材一起攪打。

08　以桌上型攪拌機慢速攪拌成團後，再轉中速攪打至麵團可拉長，麵團與攪拌缸有拍缸聲，此時麵團光滑具延展性，可拉長已產生筋性的狀態。

09　以中速攪打至可撐出厚膜。

10　將麵團放入盆內，在溫度26˚c，濕度75%的環境中，進行基礎發酵30分鐘。

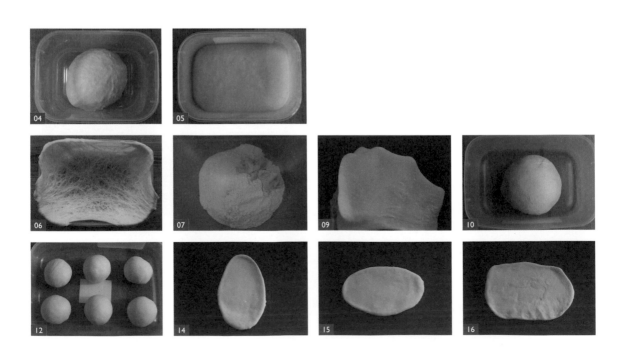

分割整形、中間及最後發酵

11 將麵團平均分成6份，每份約78～80克。

12 將麵團滾圓後，進行鬆弛（中間發酵）20分鐘，可在上方覆蓋塑膠袋，以讓麵團保濕。

13 適度鬆弛之後，取一份麵團。

14 以擀麵棍將麵團上下擀開。

15 翻面，將麵團轉90度。

16 將麵團上下擀成長方形後，再將麵團拉出四個角。

17 從冷藏拿出切好的10克有鹽奶油後，放置在麵團上方。
    → 麵團上下兩端須預留空間，以便於塑形。

18 將麵團由上往下捲起後，將麵團兩端壓扁密合。
    → 捲第一圈時，可捲緊些，使內餡不易鬆散。

19 將麵團用手搓長後，再將A1端搓尖。

20 將A2端以擀麵棍擀平、擀寬，呈現杓狀。

21 將A1端放置在A2端上方。

22 將A2端的杓狀向上包覆A1端。

23 承步驟22，捏緊收口後，呈現圓圈狀。

24 重複步驟13-23，依序完成其他麵團的整形。

25 在溫度33˚c，濕度85%的環境中，最後發酵30分鐘。

26 發酵至原先體積的1.5倍大。
    → 發酵時間為參考值，以麵團發酵狀態為主。

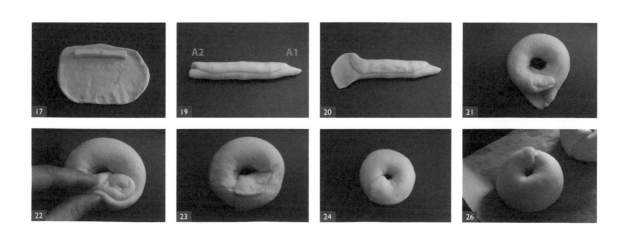

27 在鍋中倒入清水c、細砂糖b、蜂蜜，將溫度加熱至約80°c，為鍋內的水微翻騰，冒小泡泡的狀態。

28 取一淺盤，在盤中平鋪白芝麻。

29 在鍋中放入已發酵的貝果燙煮30秒。

30 以勺子將貝果翻面，讓兩面都被燙煮。

→ 每面各燙煮30秒，兩面共燙煮1分鐘。

31 將貝果撈起後，將貝果底部沾上白芝麻。

32 將已沾白芝麻的貝果，放入已鋪烘焙紙的烤盤上。

33 貝果撈起後，須馬上放進烤箱，開啟風扇功能，以上火、下火220°c，烘烤13分鐘。

→ 若烤箱無風扇功能，可調整為上火230°c、下火200°c，烘烤13分鐘。

34 烤至貝果表面上色，手指輕彈表面時，有清脆聲，即可使用隔熱手套將貝果從烤箱中取出、享用。

35 出爐後貝果底部，因內餡包覆有鹽奶油，使底部有煎烤效果，特別金黃酥香，伴隨著白芝麻，整體更具風味。

10

黑芝麻奶酥貝果

手感麵包 × 貝果

◆

‖ **TIPS** ‖

❀ 除了帶蓋吐司外，一般在烤麵包時，不建議開啟風扇功能，尤其大體積麵包。

❀ 烘烤此款貝果時，透過開啟風扇功能，爐溫會升高約10～20℃，利用短時間的高溫，使貝果受熱膨脹，外皮呈現薄且有脆度、內部柔軟，之後因出爐後遇到溫差，而使貝果產生裂紋。

老麵	
高筋麵粉a	100克
速發酵母a	0.5克
清水a	65克

糖水	
清水c	1000克
細砂糖	80克
蜂蜜	20克

主麵團	
高筋麵粉b	250克
老麵	50克
速發酵母b	3克
上白糖	10克
無糖黑芝麻醬	10克
清水b	140克
食鹽	5克

內餡	
無鹽奶油（室溫軟化）	40克
糖粉	45克
蛋黃	38克
全脂奶粉	40克
無糖黑芝麻粉	80克

STEP BY STEP 步驟說明

前置作業

01　預熱烤箱至上火、下火220°c（有風扇功能）；上火230 °c、下火200°c（無風扇功能）。

02　將無鹽奶油放置室溫軟化；以篩網過篩糖粉，備用。

內餡製作

03　將室溫軟化的無鹽奶油，放入攪拌盆中。

04　加入已過篩的糖粉，以刮刀拌勻。

05　加入½量的蛋黃，並以刮刀拌勻後，再加入剩餘的½蛋黃。

06　以刮刀拌至絲滑無小顆粒狀態。

07　加入全脂奶粉、無糖黑芝麻粉，以刮刀拌勻。

08　拌至可塑形的團狀後，分成6份備用，每份約36 〜 38克。
　　→ 若黑芝麻奶酥餡太濕，包入麵團時，容易爆餡，所以務必秤準份量。

09 取攪拌缸，倒入高筋麵粉a、速發酵母a、清水a，並以桌上型攪拌機慢速攪打至光滑帶彈性。

10 放入密封盒後，室溫靜置1小時。

11 蓋上密封盒盒蓋，放入冰箱冷藏20～24小時，發酵至原先體積的2～3倍大。

12 如圖，發酵完的老麵，組織細密、帶有麵香，沒有發酸的味道，取出50克老麵，備用。

13 取攪拌缸，倒入高筋麵粉b、50克老麵（不用回溫）、速發酵母b、上白糖、無糖黑芝麻醬、清水b、食鹽。
　⋯ 此麵團製作的油脂來自無糖黑芝麻醬，若不方便取得，可用無鹽奶油代替，攪打方式一樣。

14 以桌上型攪拌機慢速攪拌成團後，再轉中速攪打至麵團可拉長，麵團與攪拌缸有拍缸聲，此時麵團光滑具延展性，可拉長已產生筋性的狀態。

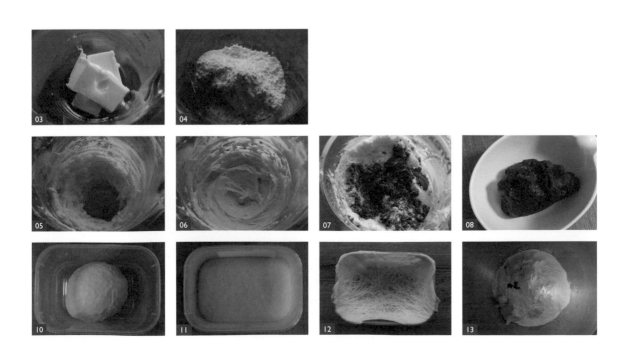

15 以中速攪打至可撐出厚膜。

16 將麵團放入盆內，在溫度26°c，濕度75%的環境中，進行基礎發酵30分鐘。

17 如圖，基礎發酵完成。

18 將麵團平均分成6份，每份約78 ～ 80克。

19 將麵團滾圓後，進行鬆弛（中間發酵）20分鐘，可在上方覆蓋塑膠袋，以讓麵團保濕。

20 適度鬆弛之後，取一份麵團。

21 以擀麵棍將麵團上下擀開。

22 翻面，轉90度，將麵團上下擀成長方形後，再將麵團拉出四個角。

23 以抹刀為輔助，在麵團表面抹上內餡，並於麵團四周預留空間，以便於塑形。
　⤷ 若內餡成團狀，可用抹刀或徒手抹上，後者則建議戴手套，以免手沾到黑芝麻奶酥，使整形時，麵團表面髒亂。

24 將麵團由上往下捲起後，將麵團兩端壓扁密合。

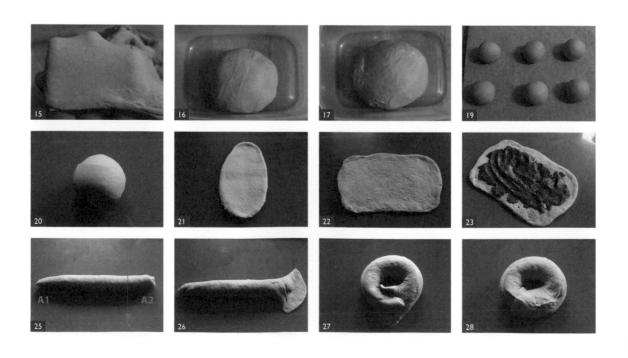

25 將麵團用手搓長後,再將A1端搓尖。

26 將A2端以擀麵棍擀平、擀寬,呈現杓狀。

27 將A1端放置在A2端上方。

28 將A2端的杓狀向上包覆A1端,並捏緊收口,呈現圓圈狀

29 重複步驟20-28,依序完成其他麵團的整形。

30 在溫度33°c,濕度85%的環境中,最後發酵30分鐘。

31 發酵至原先體積的1.5倍大。

⋯ 發酵時間為參考值,以麵團發酵狀態為主。

32 在鍋中倒入清水c、細砂糖、蜂蜜,將溫度加熱至約80°c,為鍋內的水微翻騰,冒小泡泡的狀態。

33 在鍋中放入已發酵的貝果燙煮30秒。

34 以勺子將貝果翻面,讓兩面都被燙煮。

⋯ 每面各燙煮30秒,兩面共燙煮1分鐘。

35 將貝果撈起後,放入已鋪烘焙紙的烤盤上。

36 貝果撈起後,須馬上放進烤箱,開啟風扇功能,以上火、下火220°c,烘烤13分鐘。

⋯ 若烤箱無風扇功能,可調整為上火230°c、下火200°c,烘烤13分鐘。

37 烤至貝果表面上色,手指輕彈表面時,有清脆聲,即可使用隔熱手套將貝果從烤箱中取出、享用。

鹹蛋黃肉鬆貝果

手感麵包 × 貝果

INGREDIENTS 使用材料

此配方可製作 6 顆

高筋麵粉	250克
全麥麵粉	50克
速發酵母	3克
細砂糖a	15克
食鹽	5克
清水a	170克
無鹽奶油	10克

糖水

清水b	1000克
細砂糖b	80克
蜂蜜	20克

內餡

鹹蛋黃	5顆（約68克）
肉鬆	60克
美乃滋	50克

前置作業

01 預熱烤箱至上火、下火220˚c（有風扇功能）；上火230˚c、下火200˚c（無風扇功能）。

內餡製作

02 將鹹蛋黃放入烤箱，以上火、下火180˚c，烘烤5分鐘，直至表面小泡泡，香氣釋出。

03 取出鹹蛋黃，並放入攪拌盆中壓碎後，加入肉鬆、美乃滋。
⋯ 可依個人喜好斟酌鹹蛋黃壓碎的程度。

04 承步驟3，將所有材料拌勻後，即完成內餡。

麵團製作、基礎發酵

05 取攪拌缸，倒入高筋麵粉、全麥麵粉、速發酵母、細砂糖a、食鹽、清水a、無鹽奶油。
⋯ 因此貝果製作總水量不高，所以無鹽奶油在此步驟與食材一起攪打。

06 以桌上型攪拌機慢速攪拌成團後，再轉中速攪打至麵團可拉長，麵團與攪拌缸有拍缸聲，此時麵團光滑具延展性，可拉長已產生筋性的狀態。

07 以中速攪打至可撐出厚膜。

08 將麵團放入盆內，在溫度26˚c，濕度75%的環境中，進行基礎發酵30分鐘。

分割整形、中間發酵

09 將麵團平均分成6份，每份約80克。

10 將麵團滾圓後，進行鬆弛（中間發酵）20分鐘，可在上方覆蓋塑膠袋，以讓麵團保濕。

11 適度鬆弛之後，取一份麵團。

12　以擀麵棍將麵團上下擀開。

13　翻面轉90度，將麵團上下擀成長方形後，再將麵團拉出四個角。

14　以抹刀為輔助，在麵團表面抹上內餡，並於麵團四周預留空間，以便於塑形。

　　⋯ 若內餡成團狀，可用抹刀或徒手抹上，後者則建議戴手套，以免手沾到鹹蛋黃肉鬆，使整形時，麵團表面髒亂。

15　將麵團由上往下捲起。

16　承步驟15，將麵團捲至尾端。

　　⋯ 捲第一圈時，可捲緊些，使內餡不易鬆散。

17　將麵團兩端壓扁密合。

　　⋯ 以免進行下一個操作時，餡料爆出。

18　將麵團用手搓長後，先將A1端搓尖，再將A2端以擀麵棍擀平、擀寬，呈現杓狀。

19　將A1端放置在A2端上方。

20　將A2端的杓狀向上包覆A1端，並捏緊收口。

21　如圖，完成整形，呈現圓圈狀。

22　重複步驟11-21，依序完成其他麵團的整形。

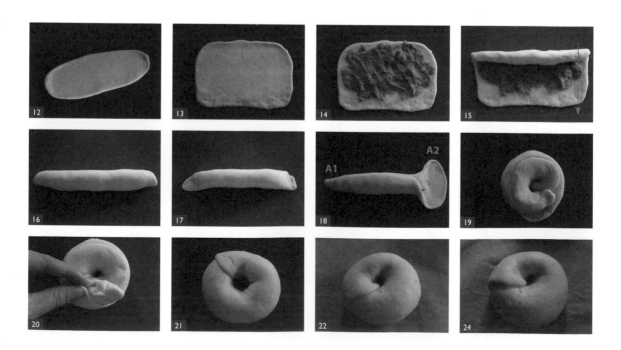

23 在溫度33˚c,濕度85%的環境中,最後發酵30分鐘。

24 發酵至原先體積的1.5倍大。

⋯→ 發酵時間為參考值,以麵團發酵狀態為主。

25 在鍋中倒入清水b、細砂糖b、蜂蜜,將溫度加熱至約80˚c,為鍋內的水微翻騰,冒小泡泡的狀態。

26 在鍋中放入已發酵的貝果燙煮30秒。

27 以勺子將貝果翻面,讓兩面都被燙煮。

⋯→ 每面各燙煮30秒,兩面共燙煮1分鐘。

28 將貝果撈起後,放入已鋪烘焙紙的烤盤上。

29 貝果撈起後,須馬上放進烤箱,開啟風扇功能,以上火、下火220˚c,烘烤13分鐘。

⋯→ 若烤箱無風扇功能,可調整為上火230˚c、下火200˚c,烘烤13分鐘。

30 烤至貝果表面上色,手指輕彈表面時,有清脆聲,即可使用隔熱手套將貝果從烤箱中取出、享用。

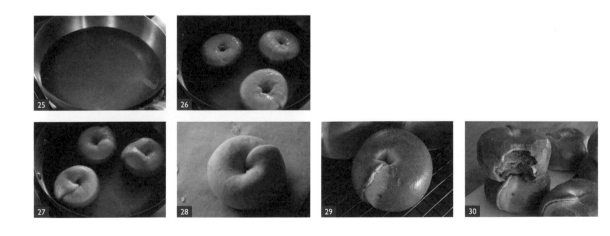

◆

‖ TIPS ‖

❀ 除了帶蓋吐司外,一般在烤麵包時,不建議開啟風扇功能,尤其大體積麵包。

❀ 烘烤此款貝果時,透過開啟風扇功能,爐溫會升高約10 ~ 20˚c,利用短時間的高溫,使貝果受熱膨脹,外皮呈現薄且有脆度、內部柔軟,之後因出爐後遇到溫差,而使貝果產生裂紋。

12

原味軟貝果

手感麵包 × 貝果

高筋麵粉	220克
低筋麵粉	30克
速發酵母	3克
煉乳	25克
無糖希臘優格	30克
全脂鮮奶a	60克
清水	60克
食鹽	4克
無鹽奶油（室溫軟化）	20克

裝飾

全脂鮮奶b	適量

◆

‖ TIPS ‖

❀ 此款貝果，不須燙煮，只須在表面刷上全脂鮮奶，放入烤箱烘烤即可。

❀ 此款貝果配方沒有砂糖，主要的糖量來源都在煉乳中，所以不建議將煉乳減量，因會影響上色狀態。

❀ 希臘優格質地濃稠，若不便取得，可用一般無糖優格取代，但因質地不同，水量須保留些許，再視麵團的狀態斟酌是否加入。

STEP BY STEP 步驟說明

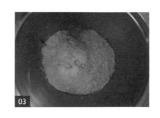

前置作業

01　將無鹽奶油放置室溫軟化，備用。

02　預熱烤箱至上火、下火200°c。

麵團製作

03　取攪拌缸，倒入高筋麵粉、低筋麵粉、速發酵母、煉乳、無糖希臘優格、全脂鮮奶a、清水、食鹽。

⤷ 因每家麵粉的吸水性不同，所以水量可以事先保留20 ～ 30cc，觀察麵團的狀態再決定是否要加入，只要麵團能成團，不黏手、好塑形即可。

04　以桌上型攪拌機慢速攪拌成團後，再轉中速攪打至麵團可拉長，麵團與攪拌缸有拍缸聲，即為麵團開始產生筋性的狀態。

05　加入室溫軟化的無鹽奶油，以慢速攪打至無鹽奶油被麵團吸收，再轉中速甩打麵團，直至麵團生筋性。
　　⋯ 無鹽奶油軟化狀態為，外觀依舊成形，但手指壓下，可輕鬆留下指痕。

06　以中速攪打至可撐出厚膜。

07　厚膜的裂口呈現鋸齒的狀態。

08　將麵團放入盆內，在溫度26°c，濕度75%的環境中，進行基礎發酵。

09　麵團約發酵50分鐘，至原先體積的2倍大後，完成麵團基礎發酵。
　　⋯ 時間為參考值，以實際狀態為準。

10　將麵團平均分成8份，每份約53 ～ 56克。

11　將麵團滾圓後，進行鬆弛（中間發酵）15分鐘，可在上方覆蓋塑膠袋，以讓麵團保濕。

12　適度鬆弛之後，取一份麵團。

13　以擀麵棍將麵團上下擀開。

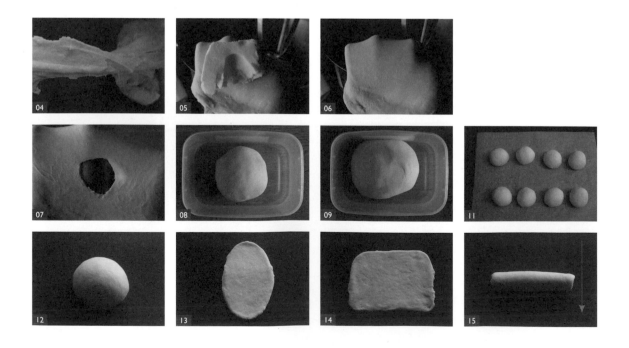

14 翻面，轉90度，將麵團上下擀成長方形後，再將麵團拉出四個角。

15 將麵團由上往下捲起。

16 將麵團用手搓長後，再將A1端搓尖，A2端維持原狀。

17 將A2端以擀麵棍擀平、擀寬，呈現杓狀。

18 將A1端放置在A2端上方。

19 將A2端的杓狀向上包覆A1端，並捏緊收口，呈現圓圈狀。

20 重複步驟12-19，依序完成其他麵團的整形。

21 在溫度33˚c，濕度85%的環境中，最後發酵30分鐘。

22 發酵至原先體積的2倍大。
⤑ 發酵時間為參考值，以麵團發酵狀態為主。

23 放入烤箱前，在貝果表面刷上全脂鮮奶b。
⤑ 因全脂鮮奶含有乳糖，故在表面刷上全脂鮮奶，能幫助表面上色。

24 以上火、下火200˚c，烘烤13分鐘，烤至貝果表面上色，即可使用隔熱手套將貝果從烤箱中取出、享用。

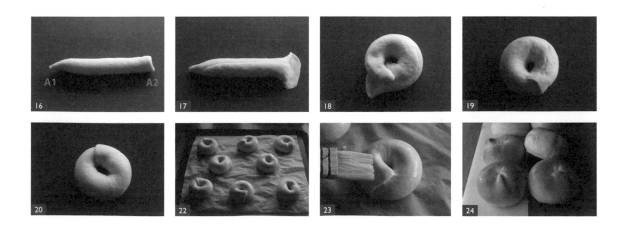

13

鮮奶吐司
—
燙種法

手感麵包 × 麵包工法及酵種運用

INGREDIENTS 使用材料

此配方可製作 12 兩吐司兩條

燙種

高筋麵粉	100克
滾水	150克

主麵團

燙種	120克
高筋麵粉	450克

細砂糖	25克
速發酵母	5克
煉乳	50克
全脂鮮奶	150克
動物性鮮奶油	50克
食鹽	9克
清水	120克
無鹽奶油（室溫軟化）	50克

前置作業

01 將無鹽奶油放置室溫軟化，備用。

02 準備2個12兩的帶蓋吐司模。

03 預熱烤箱至上火、下火200°c。

燙種製作

04 將攪拌缸、攪拌槳先以滾水燙過，才能確保操作過程中，燙種完全糊化。
… 冬天更須做此動作。

05 將高筋麵粉倒入已燙過的攪拌缸中。

06 取一空鍋，在鍋中加入清水，開火，煮至水沸騰，取出滾水150克。

07 取桌上型攪拌機，以慢速持續轉動，不停機，同時將滾水倒入攪拌缸中。

08 承步驟7，持續攪打至表面帶些許透明感，麵團帶有彈性。

09 將麵團放入密封盒中，蓋上密封盒盒蓋，靜置一夜，即完成燙種，取出燙種120克，備用。

主麵團製作

10 取攪拌缸，倒入燙種120克、高筋麵粉、細砂糖、速發酵母、煉乳、全脂鮮奶、動物性鮮奶油、食鹽、清水。
… 因每家麵粉的吸水性不同，所以水量可以事先保留20～30cc，觀察麵團的狀態再決定是否要加入，只要麵團能成團，不黏手、好塑形即可。

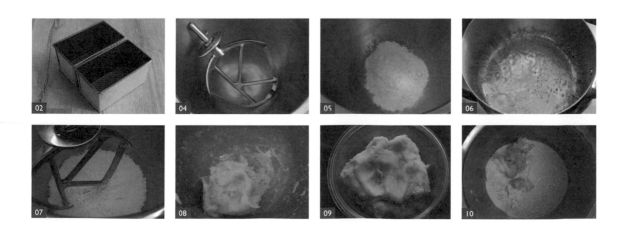

02　04　05　06

07　08　09　10

主麵團製作

11 以桌上型攪拌機慢速攪拌成團後，再轉中速攪打至麵團可拉長，麵團與攪拌缸有拍缸聲，即為麵團開始產生筋性的狀態。

12 加入室溫軟化的無鹽奶油。
→ 無鹽奶油軟化狀態為，外觀依舊成形，但手指壓下，可輕鬆留下指痕。

13 以慢速攪打至無鹽奶油被麵團吸收，再轉中速甩打麵團，直至麵團帶有彈性，外觀光滑，用手可撐出強韌的薄膜。

14 薄膜的裂口呈直線狀態，為麵團在完全階段，終溫為25 ～ 26˚c。
→ 終溫為麵團攪拌的溫度。

基礎發酵

15 將麵團放入盆內，在溫度26˚c，濕度75%的環境中，進行基礎發酵。

16 若家中無發酵箱，可使用烤箱幫助發酵，將烤箱的電源打開後，放入溫度計，當溫度到達26˚c時，立刻關掉電源，此時可將盆中的麵團放入烤箱，並在旁放一碗熱水。
→ 熱水可增加環境裡的濕度，有助於麵團發酵。

17 麵團約發酵60 ～ 90分鐘，至原先體積的2倍大後，用手指沾高筋麵粉，戳入麵團，呈不回彈的狀態，完成麵團基礎發酵。
→ 時間為參考值，以實際狀態為準。

分割捲擀、中間發酵

18 取麵團，並平均分成4份後，將麵團滾圓，以幫助排氣，完成後才能進行下一步驟。
→ 判斷的狀態為，手壓麵團帶些許彈性的緊度。

19 麵團須鬆弛30分鐘，可在上方覆蓋塑膠袋，以讓麵團保濕。
→ 適度的鬆弛有利於後續的捲擀。

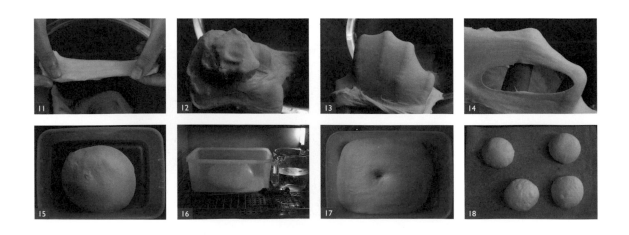

20　適度鬆弛之後,取一份麵團。

21　取擀麵棍,將麵團上下擀開。

22　將麵團翻面。

23　將麵團由上往下捲起。

24　重複步驟20-23,依序將其他麵團完成,此動作為第一次捲擀。

25　取一份完成第一次捲擀的麵團,再以擀麵棍擀長。

26　翻面,將麵團由上往下捲起。

27　重複步驟25-26,依序完成其他麵團的整形,此動作為第二次捲擀。

28　將麵團2個為一組,放入12兩的吐司模中,在溫度35˚c,濕度85%的環境中,進行最後發酵。

　　⋯ 若沒有發酵箱,可參考步驟16,用烤箱進行發酵。

29　將麵團發酵至吐司模8分滿,時間約50分鐘。

　　⋯ 發酵時間為參考值,以麵團發酵狀態為主。

30　放入烤箱,以上火、下火200˚c,烘烤28 ～ 30分鐘後,即可使用隔熱手套將吐司從烤箱裡取出。

31　將吐司模從20 ～ 30公分的高處放下,敲出水氣後,就能馬上脫模,待放涼後切片,即可享用。

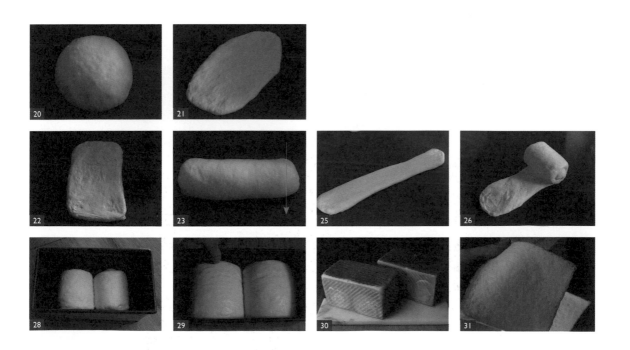

14

蔥捲麵包

湯種法

手感麵包 × 麵包工法及酵種運用

INGREDIENTS 使用材料

湯種

高筋麵粉a	10克
清水a	50克

主麵團

湯種	40克
高筋麵粉b	180克
低筋麵粉	20克
清水b	50克
全脂鮮奶	30克
動物性鮮奶油	25克
細砂糖	25克
全蛋	15克
食鹽	3克
速發酵母	3克
無鹽奶油（室溫軟化）	
	20克

裝飾

蛋液	適量
青蔥（切蔥花）	5克
美乃滋	適量
肉鬆	適量

STEP BY STEP 步驟說明

前置作業

01　將無鹽奶油放置室溫軟化；青蔥切成蔥花，備用。

02　準備一個28×28公分的方形烤盤，並鋪上烘焙紙（或烘焙布）。

03　預熱烤箱至上火220°c、下火180°c。

湯種製作

04　在鍋中放入清水a、高筋麵粉a。
　　⋯ 須在前一天製作湯種。

05　以手持球型打蛋器拌勻。

06　開小火，邊攪拌邊注意溫度，直到鍋中湯種麵糊溫度至65°c，糊化完成。
　　⋯ 須準備一支溫度計。

07　放入密封盒中，並蓋上密封盒盒蓋，冷藏一夜，取出湯種40克，備用。

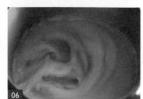

08 取攪拌缸，倒入湯種40克、高筋麵粉b、低筋麵粉、清水b、全脂鮮奶、動物性鮮奶油、細砂糖、全蛋、食鹽、速發酵母。

↠ 因每家麵粉的吸水性不同，所以水量可以事先保留20～30cc，觀察麵團的狀態再決定是否要加入，只要麵團能成團，不黏手、好塑形即可。

09 以桌上型攪拌機慢速攪拌成團後，再轉中速攪打至麵團可拉長，麵團與攪拌缸有拍缸聲，即為麵團開始產生筋性的狀態。

10 以中速攪打至可撐出薄膜，裂口呈現鋸齒的狀態。

11 加入室溫軟化的無鹽奶油。

↠ 無鹽奶油軟化狀態為，外觀依舊成形，但手指壓下，可輕鬆留下指痕。

12 以慢速攪打至無鹽奶油被麵團吸收，再轉中速甩打麵團，直至麵團帶有彈性，外觀光滑，用手可撐出強韌的薄膜。

13 薄膜的裂口呈直線狀態，為麵團在完全階段，終溫為25～26˚c。

↠ 終溫為麵團攪拌的溫度。

14 將麵團放入盆內，在溫度26˚c，濕度75%的環境中，進行基礎發酵。

15 若家中無發酵箱，可使用烤箱幫助發酵，將烤箱的電源打開後，放入溫度計，當溫度到達26˚c時，立刻關掉電源，此時可將盆中的麵團放入烤箱，並在旁放一碗熱水。

↠ 熱水可增加環境裡的濕度，有助於麵團發酵。

16 麵團約發酵60分鐘，至原先體積的2倍大後，用手指沾高筋麵粉，戳入麵團，呈不回彈的狀態，完成麵團基礎發酵。

↠ 時間為參考值，以實際狀態為準。

17 將麵團滾圓，以幫助排氣，完成後才能進行下一步驟。

⟶ 判斷的狀態為，手壓麵團帶些許彈性的緊度。

18 麵團須鬆弛20分鐘，可在上方覆蓋塑膠袋，以讓麵團保濕。

⟶ 適度的鬆弛有利於後續的捲擀。

19 適度鬆弛之後，取麵團。

20 取擀麵棍，將麵團上下擀成28×28公分的麵片。

21 將擀好的麵片，移置方形烤盤中。

22 將麵片放入溫度35˚c，濕度85%的環境中，進行最後發酵。

⟶ 若沒有發酵箱，可參考步驟15，用烤箱進行發酵。

23 麵片約發酵60分鐘，至原先體積的2倍大。

⟶ 發酵時間為參考值，以麵片發酵狀態為主。

24 放入烤箱前，可在麵片表面刷上蛋液，以增加成品色澤。

⟶ 刷蛋液可視個人喜好斟酌。

25 以叉子在麵片表面戳小洞。

26 在麵片表面撒上蔥花。

27 放入烤箱，以上火220˚c、下火180˚c，烘烤12分鐘，至表面上色，即可使用隔熱手套將麵包從烤箱中取出。

28 待麵包全涼後，翻面，並置於烘焙紙上方，在麵包背面塗抹上美乃滋。

　　→ 美乃滋可依個人喜好斟酌塗抹。

29 運用像捲壽司卷的方式，用手將麵包捲起，並同時用墊在下方的烘焙紙包覆麵包，以協助定型。

組合

30 如圖，麵包捲完成，靜置固定約30分鐘。

31 定型完成後，取下烘焙紙，即完成麵包捲。

32 以麵包刀將麵包捲切成4份。

33 分別在麵包捲兩側塗抹上美乃滋。

34 在美乃滋上方，沾上肉鬆後，即可享用。

15

英式吐司

老麵法

手感麵包 × 麵包工法及酵種運用

◆
‖ **TIPS** ‖

英式山型吐司，是一款油糖量低的吐司，切面帶些氣孔感是它的特色，皮酥脆、麵包體軟彈，有別於一般日、台式軟綿吐司的口感，風味特色在於品嚐時可以直接嚐到麵粉中的小麥香氣，為了加強這股小麥香氣，食材中運用了一半法國麵粉，因為法國麵粉本身礦物質（灰份）含量高，可以讓成品風味更加足夠。

INGREDIENTS 使用材料

此配方可製作 12 兩吐司兩條

老麵

法國麵粉a	150克
速發酵母a	1克
清水a	100克

主麵團

老麵	100克
法國麵粉b	250克
高筋麵粉	250克
速發酵母b	5克
上白糖	25克
食鹽	9克
清水b	350克
無鹽奶油(室溫軟化)	20克

STEP BY STEP 步驟說明

前置作業

01 預熱烤箱至上火、下火200°c。

02 將無鹽奶油放置室溫軟化，備用。

03 準備2個12兩的帶蓋吐司模。

老麵製作

04 取攪拌缸，倒入法國麵粉a、速發酵母a、清水a，並以桌上型攪拌機慢速攪打至光滑帶彈性。

05 放入密封盒後，室溫靜置1小時。

06 蓋上密封盒盒蓋，放入冰箱冷藏20～24小時，發酵至原先體積的2～3倍大。

07 如圖，發酵完的老麵，組織細密、帶有麵香，沒有發酸的味道，取出老麵100克，備用。

主麵團製作

08 先將100克老麵撕成小塊狀，放入攪拌缸中後，再倒入法國麵粉b、高筋麵粉、速發酵母b、上白糖、食鹽、清水b。

…因每家麵粉的吸水性不同，所以水量可以事先保留20～30cc，觀察麵團的狀態再決定是否要加入，只要麵團能成團，不黏手、好塑形即可。

09 以桌上型攪拌機慢速攪拌成團後，再轉中速攪打至麵團可拉長，麵團與攪拌缸有拍缸聲，即為麵團開始產生筋性的狀態。

10 加入室溫軟化的無鹽奶油。

…無鹽奶油軟化狀態為，外觀依舊成形，但手指壓下，可輕鬆留下指痕。

11 以慢速攪打至無鹽奶油被麵團吸收，再轉中速甩打麵團，直至麵團帶有彈性，外觀光滑，用手可撐出強韌的薄膜。

12 薄膜的裂口呈直線狀態，為麵團在完全階段，終溫為25 ～ 26˚c。

⋯ 終溫為麵團攪拌的溫度。

13 將麵團放入盆內，在溫度26˚c，濕度75%的環境中，進行基礎發酵。

14 若家中無發酵箱，可使用烤箱幫助發酵，將烤箱的電源打開後，放入溫度
計，當溫度到達26˚c時，立刻關掉電源，此時可將盆中的麵團放入烤箱，
並在旁放一碗熱水。

⋯ 熱水可增加環境裡的濕度，有助於麵團發酵。

15 麵團約發酵60 ～ 90分鐘，至原先體積的2倍大後，用手指沾高筋麵粉，
戳入麵團，呈不回彈的狀態，完成麵團基礎發酵。

⋯ 時間為參考值，以實際狀態為準。

16 取麵團，並平均分成4份後，將麵團滾圓，以幫助排氣，完成後才能進行
下一步驟。

⋯ 判斷的狀態為，手壓麵團帶些許彈性的緊度。

17 麵團須鬆弛30分鐘，可在上方覆蓋塑膠袋，以讓麵團保濕。

⋯ 適度的鬆弛有利於後續的捲捍。

18　適度鬆弛之後，取一份麵團。

19　取擀麵棍，將麵團上下擀開。

20　翻面，將麵團由上往下捲起。

21　重複步驟18-20，依序將其他麵團完成，此動作為第一次捲擀。

22　取一份完成第一次捲擀的麵團，再以擀麵棍擀長。

23　翻面，將麵團由上往下捲起。

24　重複步驟22-23，依序完成其他麵團的整形，此動作為第二次捲擀。

25　將麵團2個為一組，放入12兩的吐司模中，在溫度35˚c，濕度85%的環境中，進行最後發酵。
　　⋯ 若沒有發酵箱，可參考步驟14，用烤箱進行發酵。

26　將麵團發酵至吐司模8分滿，時間約50分鐘。
　　⋯ 發酵時間為參考值，以麵團發酵狀態為主。

27　放入烤箱，以上火、下火200˚c，烘烤28 ～ 30分鐘後，即可使用隔熱手套將吐司從烤箱裡取出。

28　將吐司模從20 ～ 30公分的高處放下，敲出水氣後，就能馬上脫模，待放涼後切片，即可享用。

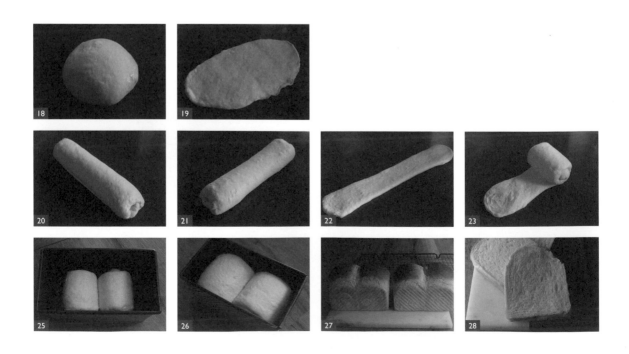

16

小布利

老麵法

手感麵包 × 麵包工法及酵種運用

INGREDIENTS 使用材料

老麵

高筋麵粉a —————— 150克
速發酵母a —————— 1克
清水 —————————— 100克

主麵團

老麵 ————————— 60克

高筋麵粉（蛋白質
低於13%）b —————— 150克
速發酵母b —————— 2克
全脂奶粉 —————— 15克
煉乳 ——————————— 30克
細砂糖 —————————— 15克
動物性鮮奶油 ———— 30克
全脂鮮奶 —————— 40克

食鹽 ——————————— 2克
無鹽奶油（室溫軟化）
—————————————— 20克

裝飾

蛋液 —————————— 適量
白、黑芝麻 —————— 適量

STEP BY STEP 步驟說明

前置作業

01 預熱烤箱至上火、下火200°c。

02 將無鹽發酵奶油放置室溫軟化，備用。

老麵製作

03 取攪拌缸，倒入高筋麵粉a、速發酵母a、清水，並以桌上型攪拌機慢速攪打至光滑帶彈性。

04 放入密封盒後，室溫靜置1小時。

05 蓋上密封盒盒蓋，放入冰箱冷藏20～24小時，發酵至原先體積的2～3倍大。

06 如圖，發酵完的老麵，組織細密、帶有麵香，沒有發酸的味道，取出老麵60克，備用。

主麵團製作、完全發酵

07 先將60克老麵撕成小塊狀，放入攪拌缸中後，再倒入高筋麵粉b、速發酵母b、全脂奶粉、煉乳、細砂糖、動物性奶油、全脂鮮奶、食鹽。

⋯ 因每家麵粉的吸水性不同，所以水量可以事先保留20～30cc，觀察麵團的狀態再決定是否要加入，只要麵團能成團，不黏手、好塑形即可。

08 以桌上型攪拌機慢速攪拌成團後，再轉中速攪打至麵團可拉長，麵團與攪拌缸有拍缸聲，即為麵團開始產生筋性的狀態。

09 加入室溫軟化的無鹽奶油。

⋯ 無鹽奶油軟化狀態為，外觀依舊成形，但手指壓下，可輕鬆留下指痕。

10　以慢速攪打至無鹽奶油被麵團吸收，再轉中速甩打麵團，直至麵團帶有彈性，外觀光滑、有延展性。

11　將麵團放入盆內，室溫鬆弛10分鐘。
　　⋯ 因要顧及口感，所以只做10分鐘的室溫鬆弛，不須基礎發酵。

12　將麵團平均分成14份，每份約30克。

13　麵團放入密封盒，蓋上密封盒盒蓋後，放入冰箱冷藏20 ～ 30分鐘，進行完全鬆弛，且過程中須保持完全密封以防乾燥。
　　⋯ 在分割後進行冷藏，一方面避免麵團發酵影響口感；另一方面，為了讓麵團更好整形。

14　適度鬆弛之後，取一份麵團。

15　將麵團搓成水滴形。

16　重複步驟14-15，依序將其他麵團搓成水滴形。

17　取一份水滴形麵團。

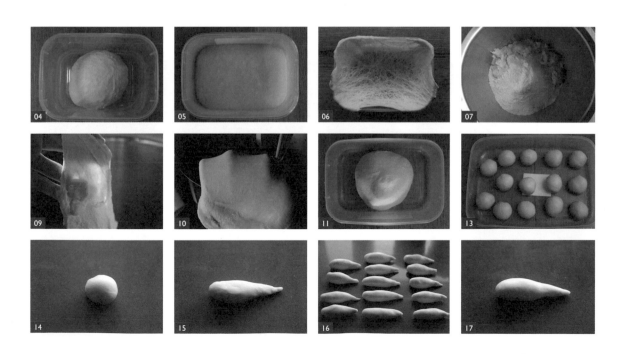

整形	18	將麵團搓成長條形。
	19	以擀麵棍將長條形麵團擀平。
	20	將長條形麵團從較寬那側捲成橄欖型。
	21	重複步驟17-20，依序將其他麵團捲成橄欖型。

22 將麵團放入溫度35˚c，濕度85%的環境中，進行最後發酵。

最後發酵

23 若家中無發酵箱，可使用烤箱幫助發酵，將烤箱的電源打開後，放入溫度計，當溫度到達35˚c時，立刻關掉電源，此時可將盆中的麵團放入烤箱，並在旁放一碗熱水。

⋯ 熱水可增加環境裡的濕度，有助於麵團發酵。

24 麵團約發酵30分鐘，至原先體積的1倍大。

⋯ 發酵時間為參考值，以麵團發酵狀態為主。

烘烤

25 放入烤箱前，可在麵團表面刷上蛋液，並沾上適量的黑、白芝麻。

26 放入烤箱，以上火、下火200˚c，烘烤10分鐘，至表面上色，即可使用隔熱手套將麵包從烤箱中取出、享用。

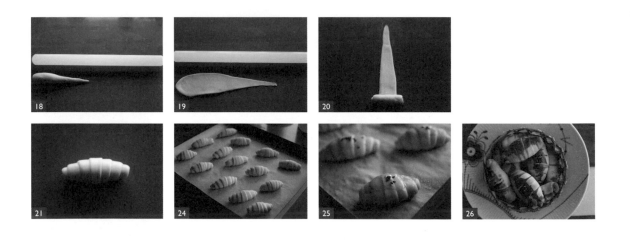

◆

‖ **TIPS** ‖

❀ **關於口感**：最後發酵只發酵到1倍大，因和成品口感有關，發酵越大口感越鬆軟。

❀ **關於烘烤**：因麵團體積小，所以建議高溫短時間烘烤，整體外觀與口感會更好。

❀ **若要底部酥脆**：在捲擀時，麵團兩邊可以抹上少許澄清（無水）奶油，搭配高爐溫，成品底部會呈現清爽酥脆感。

17

鹽可頌

— 液種法

手感麵包 × 麵包工法及酵種運用

INGREDIENTS 使用材料

此配方可製作 60 克的鹽可頌 10 個

液種

高筋麵粉a	100克
清水a	100克
速發酵母a	0.5克

主麵團

液種	全部
高筋麵粉b	250克
速發酵母b	3克
全脂奶粉	13克

食鹽	5克
清水b	125克
蜂蜜	15克
無鹽奶油（室溫軟化）	15克

內餡

有鹽奶油	5 ～ 6克（10份）

裝飾

粗海鹽	適量

前置作業

01　預熱烤箱至上火、下火200°c（有風扇功能）；上火、下火220°c（無風扇功能）。

02　將無鹽奶油放置室溫軟化；將有鹽奶油分切成5～6克（共10份）的條狀後，放回冰箱冷藏，備用。

液種製作

03　取密封盒，倒入高筋麵粉a、清水a、速發酵母a，並以筷子或湯匙攪拌均勻，至成團且無粉粒狀態。

04　室溫靜置1小時後，蓋上密封盒盒蓋，放入冰箱冷藏靜置15小時。
　　⋯ 剛拌好的液種，呈現一團且偏稠的泥巴狀態，整體是鬆散的。

05　發酵至原先體積的2～3倍大，原本鬆散的狀態形成網狀筋性，且內部充滿氣泡非常輕盈，不用退冰，可直接加入主麵團中。

主麵團製作

06　先將全部的液種放入攪拌缸中後，再倒入高筋麵粉b、速發酵母b、全脂奶粉、食鹽、清水b。
　　⋯ 因每家麵粉的吸水性不同，所以水量可以事先保留20～30cc，觀察麵團的狀態再決定是否要加入，只要麵團能成團，不黏手、好塑形即可。

07　以桌上型攪拌機慢速攪拌成團後，再轉中速攪打至麵團可拉長，麵團與攪拌缸有拍缸聲，即為麵團開始產生筋性的狀態。

08　加入室溫軟化的無鹽奶油、蜂蜜。
　　⋯ 蜂蜜在此階段加入攪打，能保留更多蜂蜜的香氣；而此比例，除了增加風味，也能幫助上色。

09　以慢速攪打至無鹽奶油、蜂蜜被麵團吸收，再轉中速甩打麵團，直至麵團帶有彈性，外觀光滑、有延展性。

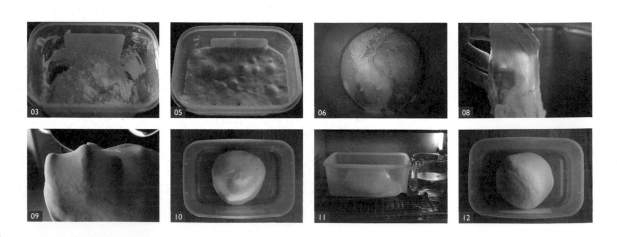

10 將麵團放入盆內，在溫度26˚c，濕度75%的環境中，進行基礎發酵。

11 若家中無發酵箱，可使用烤箱幫助發酵，將烤箱的電源打開後，放入溫度計，當溫度到達26˚c時，立刻關掉電源，此時可將盆中的麵團放入烤箱，並在旁放一碗熱水。

⋯ 熱水可增加環境裡的濕度，有助於麵團發酵。

12 麵團約發酵30分鐘。

13 將麵團平均分成10份，每份約58 ～ 60克。

14 將麵團滾圓，並鬆弛30分鐘，可在上方覆蓋塑膠袋，以讓麵團保濕。

⋯ 適度的鬆弛有利於後續的捲捍。

15 適度鬆弛之後，取一份麵團。

16 將麵團搓成水滴形。

17 重複步驟15-16，依序將其他麵團搓成水滴形。

18 取一份水滴形麵團，並將麵團搓成長條形，約捍麵棍一半的長度。

19 以捍麵棍將長條形麵團捍平。

20 在麵團較寬那側，放上5 ～ 6克的有鹽奶油。

21 承步驟20，將麵團捲成橄欖型。

22 重複步驟18-21，依序將其他麵團捲成橄欖型。

23 將橄欖型麵團放入溫度33˚c，濕度85%的環境中，進行最後發酵。

⋯ 若沒有發酵箱，可參考步驟11，用烤箱進行發酵。

24 麵團約發酵40 ～ 45分鐘，至原先體積的1.5倍大。

⋯ 發酵時間為參考值，以麵團發酵狀態為主。

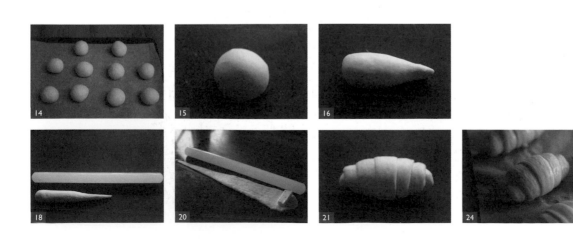

25 若烤箱沒有蒸氣功能，可以事先預熱烤箱，準備自製蒸氣（詳細作法可參考TIPS）；若無把握，可以略過此步驟，只須在烘烤前15～20分鐘預熱烤箱即可。

→ 多了高溫的蒸氣，可使麵包外觀光亮酥脆，與一般放入烤箱、噴水烤出來的狀態不同，關鍵在於蒸氣的溫度，需要高溫。

26 在麵團表面撒上粗海鹽。

27 放入烤箱，開啟風扇功能，以上火、下火200˚c，烘烤12～13分鐘，至表面上色，即可使用隔熱手套將麵包從烤箱中取出、享用。

→ 若烤箱無風扇功能，可調整為上火、下火220˚c，烘烤12～13分鐘。

‖ TIPS ‖

此時若烤箱沒有蒸氣功能，可事先預熱烤箱，準備自製蒸氣，但須要注意高溫，操作時要小心謹慎，若無把握，可以直接略過這個步驟。

❈ **工具**：石板、派石、鐵鍋、毛巾、烤盤。

❈ **方式**

在烤箱中，最下層，放一個烤盤，烤盤內裝著，已打濕的毛巾；中下層，放入石板，旁邊放著鐵鍋，鍋內裝著派石；烤箱最高溫，預熱30分鐘以上。

❈ **烘烤方式**

待麵包發酵1.5倍大時，用快煮壺（速度較快），若無快煮壺可用一般鍋子或水壺，放入1000～1500cc的清水，煮至水沸騰。（註：以下動作請戴上隔熱手套並注意操作安全，非操作人員勿靠近烤箱周圍。）

① 將麵包用木板或木砧板為輔助，放在石板上。

② 將沸騰的滾水，倒入最下層毛巾。

③ 最後倒在派石上頭後，立即關上烤箱門。（註：此時會有大量滾燙水氣釋出，須小心燙傷。）

④ 放入烤箱，以上火、下火220˚c，烘烤8分鐘後，取出派石鐵鍋及烤盤毛巾。

⑤ 再開啟風扇功能，以上火、下火200˚c，烘烤5～7分鐘，至表面上色，即可使用隔熱手套將麵包從烤箱中取出、享用。

18

全麥摩卡軟歐包 ── 液種法

手感麵包 × 麵包工法及酵種運用

INGREDIENTS 使用材料

液種

全麥麵粉	100克
清水a	100克
速發酵母a	1克

咖啡可可液

速溶咖啡粉	6克
無糖可可粉	4克
熱水	40克

主麵團

液種	全部
高筋麵粉	200克
速發酵母b	3克
細砂糖	30克
全脂奶粉	10克
清水b	60克
無鹽奶油a（室溫軟化）	30克

無鹽奶油b	15克

餡料

果乾	30克
萊姆酒（或清水）	適量
堅果	50克
巧克力豆	50克

前置作業

01　預熱烤箱至上火、下火200℃。

02　將無鹽奶油a放置室溫軟化，備用。

03　將速溶咖啡粉與可可粉，放入同一容器中，加入40克熱水後，攪拌均勻，為咖啡可可液。

04　將果乾浸泡於萊姆酒（或清水）中，靜置30分鐘後，將果乾取出，取廚房紙巾壓乾表面水分，備用。
　　→ 若是浸泡於萊姆酒中，可浸泡至隔夜，會更有風味。

液種製作

05　取密封盒，倒入全麥麵粉、清水a、速發酵母a，並以筷子或湯匙攪拌均勻，至成團且無粉粒狀態。

06　室溫靜置1小時後，蓋上密封盒盒蓋，放入冰箱冷藏靜置15小時。
　　→ 剛拌好的液種，呈現一團且偏稠的泥巴狀態，整體是鬆散的。

07　發酵至原先體積的2～3倍大，原本鬆散的狀態形成網狀筋性，且內部充滿氣泡非常輕盈，不用退冰，可直接加入主麵團中。

08 先將全部的液種放入攪拌缸中後，再倒入高筋麵粉、速發酵母b、細砂糖、全脂奶粉、清水b，以及已用熱水拌勻的咖啡可可液。

→ 因每家麵粉的吸水性不同，所以水量可以事先保留20～30cc，觀察麵團的狀態再決定是否要加入，只要麵團能成團，不黏手、好塑形即可。

09 以桌上型攪拌機慢速攪拌成團後，再轉中速攪打至麵團可拉長，麵團與攪拌缸有拍缸聲，即為麵團開始產生筋性的狀態。

10 以中速攪打至可撐出薄膜，裂口呈現鋸齒的狀態。

11 加入室溫軟化的無鹽奶油a。

12 以慢速攪打至無鹽奶油a被麵團吸收，再轉中速甩打麵團，直至麵團帶有彈性，外觀光滑，用手可撐出強韌的薄膜。

13 薄膜的裂口呈現接近直線狀態，為麵團在完全階段，終溫為25～26˚c。

→ 終溫為麵團攪拌的溫度。

14 將麵團先分割出150克，作為外皮裝飾用；其餘麵團放回攪拌缸中，加入果乾、堅果、巧克力豆，並拌入麵團中。

15 如圖，完成兩份麵團製作，A為外皮麵團、B為餡料麵團，將麵團放入盆內，在溫度26˚c，濕度75%的環境中，進行基礎發酵。

16 若家中無發酵箱，可使用烤箱幫助發酵，將烤箱的電源打開後，放入溫度計，當溫度到達26˚c時，立刻關掉電源，此時可將盆中的麵團放入烤箱，並在旁放一碗熱水。

→ 熱水可增加環境裡的濕度，有助於麵團發酵。

17 麵團約發酵60分鐘，至原先體積的2倍大後，用手指沾高筋麵粉，戳入麵團，呈不回彈的狀態，完成麵團基礎發酵。

→ 時間為參考值，以實際狀態為準。

18 將餡料麵團分割成三份，一份約180克；外皮麵團分割成三份，一份約50克。

19 餡料、外皮麵團各須鬆弛20分鐘，可在上方覆蓋塑膠袋，以讓麵團保濕。

→ 適度的鬆弛有利於後續的捲擀。

20 以隔水加熱或微波爐將無鹽奶油b融化，備用。

21 適度鬆弛之後，取一份餡料麵團。

22 用手掌將餡料麵團拍平。

23 將餡料麵團翻面。

24 將餡料麵團四個邊角，往中心點內收。

25 承步驟24，將收口捏緊。

26 將餡料麵團翻面，滾圓收緊。

27 重複步驟21-26，依序將其餘麵團完成整形。

28 取一份外皮麵團，以擀麵棍擀平。

29 取一份餡料麵團。

→ 以外皮麵團、餡料麵團各一份的方式組合。

30 將擀平的外皮麵團表面刷上已事先融化的無鹽奶油b。

→ 須避開收口處。

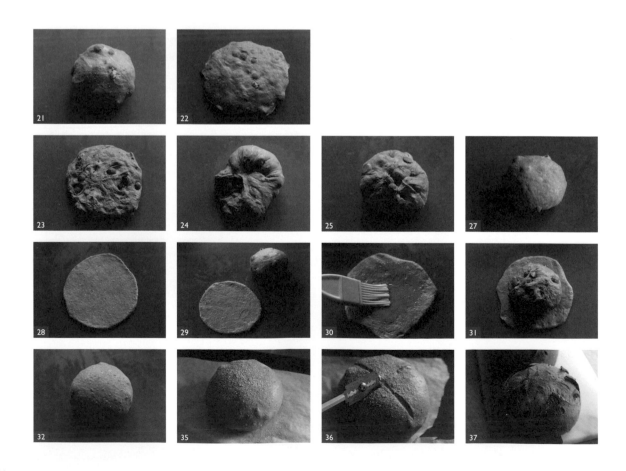

31　將餡料麵團收口朝上，放在外皮麵團上。

32　承步驟31，將外皮麵團包覆餡料麵團，將收口收緊後，翻面，即完成麵團主體。

33　重複步驟28-32，依序將其餘麵團完成組合。

34　將麵團主體放入溫度33˚c，濕度85%的環境中，進行最後發酵。
　　⤷ 若沒有發酵箱，可參考步驟16，用烤箱進行發酵。

35　麵團約發酵45 ～ 50分鐘，至近原先體積2倍大。
　　⤷ 發酵時間為參考值，以麵團發酵狀態為主。

36　放入烤箱前，在麵團表面以麵包刀淺淺的劃上十字。
　　⤷ 因為劃太深，會劃到餡料麵團，故在劃時，須留意深度。

37　放入烤箱，以上火、下火200˚c，烘烤15分鐘，至表面上色，即可使用隔熱手套將麵包從烤箱中取出、享用。

19

巧克力小餐包

直接中種法

手感麵包 × 麵包工法及酵種運用

直接中種

高筋麵粉a	350克
速發酵母	5克
清水a	210克

主麵團

中種	全部
高筋麵粉b	150克
細砂糖	70克
全脂奶粉	15克
全蛋	50克

清水b	80克
食鹽	8克
無糖可可粉	15克
無鹽奶油a（室溫軟化）	60克

內餡

巧克力	10克（25份）

裝飾

高筋麵粉c、玉米粉、無鹽奶油b擇一	
	適量

STEP BY STEP 步驟說明

前置作業

01 預熱烤箱至上火170˚c、下火190˚c。

02 將無鹽奶油放置室溫軟化，備用。

03 準備一個28×28公分的方形烤盤，並鋪上烘焙紙（或烘焙布）。

直接中種製作

04 取攪拌缸，倒入高筋麵粉a、速發酵母、清水a。

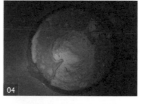

05 以桌上型攪拌機攪拌約3～4分鐘，至中種成團，表面仍是粗糙的狀態。
→ 中種本身偏乾，狀態沒錯。

06 將中種放入盆內，在溫度26˚c的環境。

07 麵團約發酵90～120分鐘，至原先體積的3～4倍大後，用手指沾高筋麵粉，戳入麵團，表面有坍塌感，氣味是麵團的麵香，沒有任何酒精味或酸味，即完成直接中種製作。
→ 時間為參考值，以實際狀態為準。

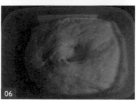

08　先將全部的直接中種放入攪拌缸中後，再倒入高筋麵粉b、細砂糖、全脂奶粉、全蛋、清水b、食鹽、無糖可可粉。

　　→ 因每家麵粉的吸水性不同，所以水量可以事先保留20～30cc，觀察麵團的狀態再決定是否要加入，只要麵團能成團，不黏手、好塑形即可。

09　以桌上型攪拌機慢速攪拌成團後，再轉中速攪打至麵團可拉長，麵團與攪拌缸有拍缸聲，即為麵團開始產生筋性的狀態。

10　以中速攪打至用手可撐起厚厚的膜，裂口帶有鋸齒狀態。

11　加入室溫軟化的無鹽奶油a。

　　→ 無鹽奶油軟化狀態為，外觀依舊成形，但手指壓下，可輕鬆留下指痕。

12　以慢速攪打至無鹽奶油a被麵團吸收，再轉中速甩打麵團，直至麵團帶有彈性，外觀光滑，用手可撐出強韌的薄膜。

13　薄膜的裂口呈直線狀態，為麵團在完全階段，終溫為25～26˚c。

　　→ 終溫為麵團攪拌的溫度。

14　將麵團放入盆內，在溫度26˚c，濕度75%的環境中，進行基礎發酵。

15　若家中無發酵箱，可使用烤箱幫助發酵，將烤箱的電源打開後，放入溫度計，當溫度到達26˚c時，立刻關掉電源，此時可將盆中的麵團放入烤箱，並在旁放一碗熱水。

　　→ 熱水可增加環境裡的濕度，有助於麵團發酵。

16　麵團約發酵30分鐘，至原先體積的2倍大後，用手指沾高筋麵粉，戳入麵團，呈不回彈的狀態，完成麵團基礎發酵。

　　→ 時間為參考值，以實際狀態為準。

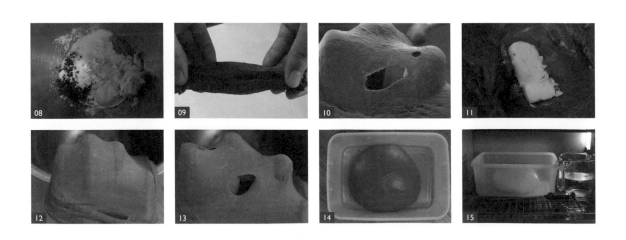

17 將麵團平均分成25份（每份約40克）後，將麵團滾圓，以幫助排氣，完成後才能進行下一步驟。

 … 判斷的狀態為，手壓麵團帶些許彈性的緊度。

18 麵團須鬆弛15分鐘，可在上方覆蓋塑膠袋，以讓麵團保濕。

 … 適度的鬆弛有利於後續的捲揲。

19 適度鬆弛之後，取一份麵團，將光滑面朝上。

20 用手掌將麵團拍平。

21 將麵團翻面，放入10克巧克力豆。

22 將麵團四個邊角，往中心點內收，並將收口捏緊。

23 重複步驟19-22，依序將其他麵團整形完成。

24 將麵團依序放入方形烤盤中。

25 將麵團放入溫度35˚c，濕度85%的環境中，進行最後發酵。

 … 若沒有發酵箱，可參考步驟15，用烤箱進行發酵。

26 麵團約發酵50分鐘，至原先體積2倍大。

 … 發酵時間為參考值，以麵團發酵狀態為主。

27 如圖，依此比例及方形烤盤尺寸相同的情況下，麵團發酵完後，會貼著相鄰麵團。

28 放入烤箱前，可在利用篩網，在麵團表面篩上高筋麵粉c或玉米粉作裝飾。
→ 此步驟可依個人喜好刪減。

29 放入烤箱，以上火170˚c、下火190˚c，烘烤25分鐘，至表面上色，即可使用隔熱手套將麵包從烤箱中取出。

30 在麵包表面刷上已融化的無鹽奶油b。
→ 若已灑粉，此動作即可省略。

31 溫熱時食用風味更佳，但須注意，因麵包裡的巧克力是帶流動性狀態，食用時須留意燙口。

◆

‖ **TIPS** ‖

麵團緊緊相連擺放方式的烘烤時間，會因空間的熱循環不同而有差異；若是單顆麵團，兩顆麵團間有預留距離的擺放，會因周邊熱循環空間足夠，只須烘烤9～11分鐘即可出爐。

20

50%全麥吐司

冷藏中種法

手感麵包 × 麵包工法及酵種運用

INGREDIENTS 使用材料

此配方可製作 12 兩吐司兩條

冷藏中種	
全麥麵粉	250克
高筋麵粉a	100克
蜂蜜	30克
速發酵母a	4克
清水a	190克

主麵團	
冷藏中種	全部
高筋麵粉b	150克
速發酵母b	1克
細砂糖	20克
食鹽	8克
全脂奶粉	20克
無糖希臘優格	30克
清水b	130克
無鹽奶油（室溫軟化）	40克

前置作業

01 預熱烤箱至上火180˚c、下火200˚c。
→ 在吐司5分滿時預熱。

02 將無鹽奶油放置室溫軟化，備用。

03 準備2個12兩的帶蓋吐司模。

冷藏中種製作

04 取攪拌缸，倒入全麥麵粉、高筋麵粉a、蜂蜜、速發酵母a、清水a。

05 以桌上型攪拌機攪拌約3～4分鐘，至中種成團，表面仍是粗糙的狀態。
→ 中種本身偏乾，狀態沒錯。

06 將中種放入密封盒內，在室溫中靜置30分鐘後，蓋上密封盒盒蓋，再移入冰箱冷藏12～15小時。

07 發酵至原先體積的3～4倍大後，用手指沾高筋麵粉，戳入麵團，表面有坍塌感，氣味是麵團的麵香，沒有任何酒精味或酸味，即完成冷藏中種製作。
→ 時間為參考值，以實際狀態為準。

主麵團製作

08 將全部的冷藏中種放入攪拌缸中。
→ 中種在夏天可以直接從冰箱取出使用，以免麵團溫度過高；冬天可以放回室溫靜置30～60分鐘，避免麵團終溫過低。

09 倒入高筋麵粉b、速發酵母b、細砂糖、食鹽、全脂奶粉、無糖希臘優格、清水b。
→ 因每家麵粉的吸水性不同，所以水量可以事先保留20～30cc，觀察麵團的狀態再決定是否要加入，只要麵團能成團，不黏手、好塑形即可。

10 以桌上型攪拌機慢速攪拌成團後，再轉中速攪打至麵團可拉長，麵團與攪拌缸有拍缸聲，即為麵團開始產生筋性的狀態。

11　以中速攪打至用手可撐起厚厚的膜，裂口帶有鋸齒的狀態後，加入室溫軟
化的無鹽奶油。

⋯ 無鹽奶油軟化狀態為，外觀依舊成形，但手指壓下，可輕鬆留下指痕。

12　以慢速攪打至無鹽奶油被麵團吸收，再轉中速甩打麵團，直至麵團帶有彈
性，外觀光滑，用手可撐出強韌的薄膜。

13　薄膜的裂口呈直線（微鋸齒八分筋性）狀態，為麵團在完全階段，終溫為
25 ～ 26˚c。

⋯ 終溫為麵團攪拌的溫度。

14　將麵團放入盆內，在溫度26˚c，濕度75%的環境中，進行基礎發酵。

15　若家中無發酵箱，可使用烤箱幫助發酵，將烤箱的電源打開後，放入溫度
計，當溫度到達26˚c時，立刻關掉電源，此時可將盆中的麵團放入烤箱，
並在旁放一碗熱水。

⋯ 熱水可增加環境裡的濕度，有助於麵團發酵。

16　麵團約發酵30分鐘，至原先體積的2倍大後，用手指沾高筋麵粉，戳入麵
團，呈不回彈的狀態，完成麵團基礎發酵。

⋯ 時間為參考值，以實際狀態為準。

17　取麵團，並平均分成4份後，將麵團滾圓，以幫助排氣，完成後才能進行
下一步驟。

⋯ 判斷的狀態為，手壓麵團帶些許彈性的緊度。

18　麵團須鬆弛30分鐘，可在上方覆蓋塑膠袋，以讓麵團保濕。

⋯ 適度的鬆弛有利於後續的捲捲。

19　適度鬆弛之後，取一份麵團。

20　取擀麵棍，將麵團上下擀開。

21　翻面，將麵團由上往下捲成長條形。

22　重複步驟19-21，依序將其他麵團捲成長條形，此動作為第一次捲擀。

23　取一份完成第一次捲擀的麵團，再以擀麵棍擀長。

24　翻面，將麵團由上往下捲起。

25　重複步驟23-24，依序完成其他麵團的整形，此動作為第二次捲擀。

26　將麵團2個為一組，放入12兩的吐司模中，在溫度33˚c，濕度85%的環境中，進行最後發酵。

　　┄ 若沒有發酵箱，可參考步驟15，用烤箱進行發酵。

27　將麵團發酵至吐司模8分滿，時間約50分鐘。

　　┄ 發酵時間為參考值，以麵團發酵狀態為主。

28　8分滿狀態為，將大拇指扣住吐司模邊緣，第一指節高度可觸碰到麵團的狀態。

29　放入烤箱，以上火180˚c、下火200˚c，烘烤28 ～ 30分鐘後，即可使用隔熱手套將吐司從烤箱裡取出。

30　將吐司模從20 ～ 30公分的高處放下，敲出水氣後，就能馬上脫模，待放涼後切片，即可享用。

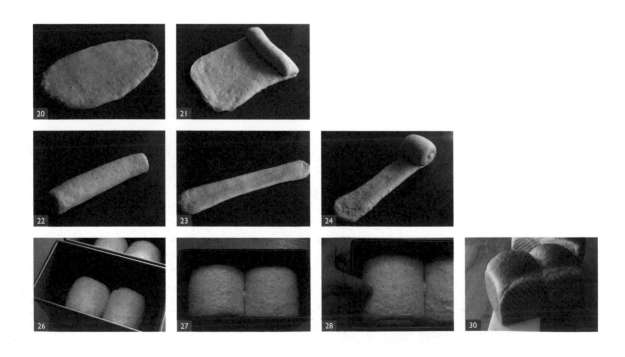

CHAPTER 02

暖心蛋糕

Heartwarming Cake

01

檸檬磅蛋糕

粉油拌匀法

暖心蛋糕 × 常溫蛋糕

INGREDIENTS 使用材料

麵糊	
低筋麵粉	120克
泡打粉	3克
全蛋（去殼，常溫）	120克
細砂糖a	70克
海藻糖	30克
食鹽	1克
無鹽奶油（室溫軟化）	120克
檸檬皮（刨絲）	2克
檸檬汁a	10克

酒糖液	
檸檬汁b	10克
清水	10克
白蘭地	10克
細砂糖b	10克

脫模膏	
澄清（無水）奶油	50克
高筋麵粉	12克

‖ TIPS ‖

❈ 關於油粉拌勻方式（reverse-creaming method）

運用油脂阻隔麵粉產生筋性的方式，讓麵粉產生筋性的風險降到最低。因麵粉只要遇到水，就會生筋性，筋性一強，彈性口感就會強韌，鬆軟化口感就不足，這也是製作蛋糕時，大部分都使用低筋麵粉的原因，為的是要讓成品鬆軟且筋性佳。

那該如何有效且更好的阻斷筋性呢？可利用油脂，因油脂能直接阻斷筋性產生的問題，在製作蛋糕時，可先將油、粉拌勻，讓油脂包覆於麵粉表面，以阻斷筋性，之後再加入其他液體食材，這也是油粉拌勻法，成品口感柔軟又美味的關鍵原因。

❈ 關於食用方式

從冷凍取出的蛋糕，可以室溫回溫，或是微波加熱後食用。

❈ 關於保存方式

製作完成的蛋糕，可室溫放置3天，若超過3天，可在分切後，密封冷凍保存，不建議長期冷藏保存，會影響口感。

脱模膏製作

01 澄清奶油小火加熱融化後，熄火。
→ 澄清奶油製作參考 P.119。

02 放入高筋麵粉，拌勻。
→ 油粉比例為4:1。

03 脱模膏即完成。
→ 脱模膏完成後，可放於乾淨容器中，冷藏保存，使用時直接取出使用。

前置作業

04 準備內徑7.5×18公分；底部6.5×16公分的方形烤模，並在方形烤模內仔細刷上脱模膏。

05 將低筋麵粉、泡打粉過篩；以刨皮刀將檸檬刨絲。

06 將無鹽奶油放置室溫軟化，溫度約20℃左右；全蛋放置室溫回溫，約23～24℃左右，備用。
→ 將全蛋、無鹽奶油回到室溫，較不易產生油水分離的狀態。

07 預熱烤箱至上火、下火180℃。

酒糖液製作

08 取一小鐵鍋，倒入檸檬汁b、清水、白蘭地、細砂糖b。
→ 建議在蛋糕烘烤時準備酒糖液；另須使用飲用水，為確保生菌數及衛生問題。

09 開小火，煮至鍋邊冒小泡泡後，持續用小火，再煮1分鐘確保沸騰，即可關火。
→ 請勿大火煮沸，因有可能將酒糖液煮乾。

10　取攪拌盆，倒入回溫的全蛋、細砂糖a、海藻糖、食鹽。

　　→ 海藻糖為天然糖類，甜度比砂糖低，但熱量是一樣的。對於糕點保濕性來說，僅用部分取代總糖量，無法全部取代，因會影響打發狀態。

11　承步驟10，將糖類拌勻至溶解，為蛋糖液，備用。

12　另取一攪拌盆，放入室溫軟化的無鹽奶油。

13　以手持電動攪拌器（或桌上型攪拌機）將無鹽奶油拌勻。

14　加入過篩後的低筋麵粉、泡打粉後，以刮刀翻拌。

　　→ 先使用刮刀翻拌，以免粉類飛散。

15　以手持電動攪拌器拌至粉類被無鹽奶油吸收成團。

16　取手持電動攪拌器，以中高速充分攪打。

17　承步驟16，攪打至無鹽奶油、粉類均勻混合。

　　→ 須注意，此動作只是將油、粉混勻，非打發。

18　分2～3次加入已回溫的蛋糖液，並以手持電動攪拌器攪拌均勻。

　　→ 分次加入蛋糖液，可降低油水分離的機率。

19　以手持電動攪拌器攪打至蛋糖液完全被粉團吸收。

　　→ 須確認蛋糖液完全被粉團吸收後，才可再加入。

20　加入檸檬絲與檸檬汁a。

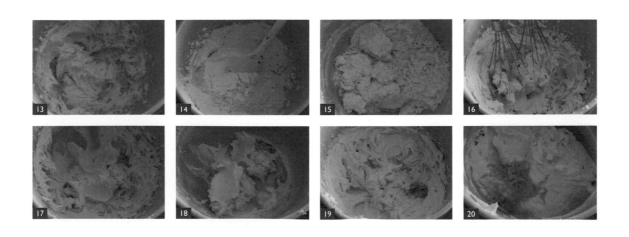

21 以刮刀攪拌至呈現光滑、細緻、無顆粒的狀態，即完成麵糊。

22 將完成的麵糊，放入方形烤模中後，再以刮刀抹平麵糊表面。

23 以刮刀將麵糊從中間往左側邊緣輕輕推高。

24 以刮刀將麵糊從中間往右側邊緣輕輕推高，即完成中間凹陷、兩端微微推高的麵糊狀態。

→ 將麵糊往兩側推高，能增加麵糊與烤模的接觸面積，有利於烘烤。

25 放入烤箱，以上火、下火180˚c，烘烤13 ～ 15分鐘後，取出方形烤模，此時麵糊表面結皮。

26 在麵糊表面劃線後，放入烤箱，再以上火、下火180˚c，續烤17 ～ 20分鐘。

→ 在表面結皮後，取出劃線，可讓蛋糕在烘烤膨脹後，產生的裂口較為規則美觀。

27 以蛋糕測試針戳入蛋糕體，拔出時，若無粉漿沾黏，即可出爐；若仍有粉漿沾黏，須續烤至無粉漿沾黏，才可出爐。

28 出爐後，即可脫模，置於散熱架上。

29 在磅蛋糕的每一面，包含底部皆刷上酒糖液。

→ 建議在磅蛋糕烘烤時準備酒糖液。

30 室溫放置磅蛋糕全涼後，包上保鮮膜，密封保存，靜置一夜，整體風味與濕潤感會更佳。

伯爵香蕉蛋糕

全蛋打發法

暖心蛋糕 × 常溫蛋糕

‖ TIPS ‖

⊗ **關於保存方式**：製作完成的蛋糕，可在室溫陰涼處保存3～4日，也可在分切後，密封冷凍保存。

⊗ **關於食用方式**：從冷凍取出的蛋糕，可以室溫回溫後食用。

INGREDIENTS 使用材料

香蕉蛋糕麵糊

香蕉（壓成泥）	130克
全蛋（去殼，約3顆）	150克
黑糖	50克
三溫糖	60克
低筋麵粉	150克
伯爵茶粉	2克
泡打粉	3克
小蘇打粉	1克

焦化奶油

無鹽奶油—125克（焦化後剩約100～104克）

STEP BY STEP 步驟說明

前置作業

01 準備內徑17.5×9×8.3公分（容量約285g）的方形烤模，並鋪上烘焙紙（或烘焙布）。

02 將低筋麵粉、伯爵茶粉、泡打粉、小蘇打粉混合後過篩，備用。

03 將黑糖過篩；香蕉壓成泥，備用。
⋯ 因黑糖易受潮結塊，故須過篩。

04 預熱烤箱至上火190˚c、下火140˚c。

焦化奶油製作

05 將無鹽奶油放入小鐵鍋後開小火，剛開始，鍋中會冒出較大的泡泡。
⋯ 焦化奶油又稱榛果奶油，奶油因加熱過程中，沉澱物焦化，顏色也會轉深，呈現類似榛果顏色，冒出堅果的芳香。

06 煮一段時間後，因水氣減少，泡泡會變細小。

07 煮至鍋邊有咖啡色的渣渣時，可關火，運用鍋中餘溫，繼續加熱，讓無鹽奶油逐漸變成較深的金黃色。
⋯ 若不關火，會因為溫度過高，而將無鹽奶油煮出燒焦味。

08 　無鹽奶油顏色變深後，須立即放在冷水或濕抹布上，讓無鹽奶油降溫，即完成焦化奶油。

　　→ ❶須降溫至40 ～ 50°c再使用；若低於40 ～ 50°c，須隔著溫水保溫；❷將焦化奶油倒入可攪拌的小容器中，以方便之後的操作；❸完成後，剩約100 ～ 104克的焦化奶油。

09 　準備一鍋熱水，在熱水上放入隔水加熱盆後，加入全蛋、過篩後的黑糖、三溫糖後，開始隔水加熱，水溫勿超過60°c。

　　→ 若無三溫糖，可用細黃砂糖代替；適度加熱有助於全蛋打發，蛋糕體也會比沒在加熱時蓬鬆。

10 　隔水加熱的同時，可邊加熱，邊慢慢攪拌全蛋、黑糖、三溫糖，直到全蛋加熱至36 ～ 40°c，離開隔水加熱盆，即完成全蛋糖糊。

　　→ 此處為了展現隔水加熱的情形，故使用玻璃盆，若有桌上型攪拌機的人，可直接用攪拌缸隔水加熱。

11 　將全蛋糖糊倒入攪拌缸。

　　→ 因攪打時間較長，故使用桌上型攪拌機製作，會較輕鬆。

12 　將香蕉泥倒入攪拌缸。

13 　取桌上型攪拌機，以中高速攪打5 ～ 6分鐘，至全蛋糖糊體積澎大，有明顯紋路時，將攪拌頭提起，在全蛋糖糊滴落後，出現2 ～ 3秒不消失的摺痕，此時全蛋糖糊仍可見大氣泡。

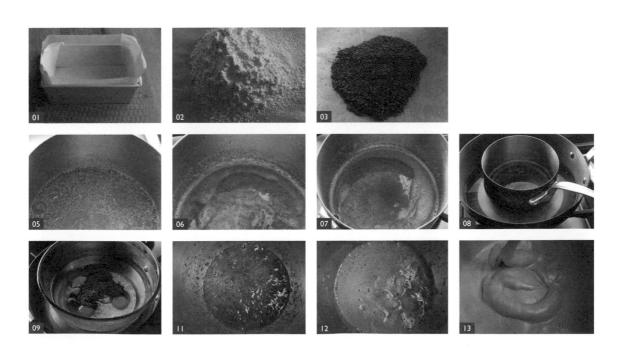

14　轉至低速攪打約2～3分鐘，釋出大氣泡，全蛋糖糊表面呈現細緻光亮感。

15　加入過篩後低筋麵粉、伯爵茶粉、泡打粉、小蘇打粉。

16　以低速將粉類拌勻，為香蕉蛋糕麵糊。

17　以篩網輔助，倒入焦化奶油，順勢過濾掉焦化後的沉澱物後，加入少量香蕉蛋糕麵糊。

　　→ 先取少量香蕉蛋糕麵糊和已過濾的焦化奶油拌勻，可讓後續操作更順暢。

18　以刮刀拌勻，為焦化奶油麵糊。

19　將焦化奶油麵糊倒回香蕉蛋糕麵糊中，拌勻，即完成麵糊。

20　將麵糊倒入方形烤模。

21　放進烤箱，以上火190°c、下火140°c，烘烤約10分鐘，取出方形烤模，此時麵糊表面結皮。

22　在麵糊表面劃線後，放入烤箱，再以上火180°c、下火130°c，續烤35分鐘。

　　→ 在表面結皮後，取出劃線，可讓蛋糕在烘烤膨脹後，產生的裂口較為規則美觀。

23　以蛋糕測試針戳入蛋糕，拔出時，若無粉漿沾黏，即可出爐；若仍有粉漿沾黏，須續烤至無粉漿沾黏，才可出爐。

24　出爐後，即可脫模，置於散熱架上。

25　如圖，伯爵香蕉蛋糕完成，可切片後食用。

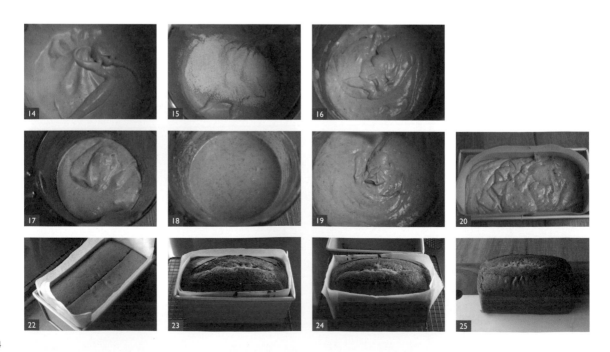

03

果乾小蛋糕

蛋白打發法

暖心蛋糕 × 常溫蛋糕

低筋麵粉 —————————————— 50克

奶油糖糊

無鹽奶油（室溫軟化）——————— 50克
椰糖 ———————————————— 20克
蛋黃 ———————————————— 20克
椰奶a ——————————————— 40克

蛋白霜

冰蛋白 ——————————————— 35克
細砂糖a —————————————— 18克
檸檬汁（或白醋）———————— ¼小匙

內餡

果乾a ———————————————— 40克
深色萊姆酒 ————————————— 適量

酒糖液

萊姆酒 ——————————————— 15克
飲用水 ——————————————— 15克
細砂糖b —————————————— 10克

甘納許

白巧克力 —————————————— 15克
椰奶b ——————————————— 15克

脫模膏

澄清（無水）奶油 ———————— 50克
高筋麵粉 —————————————— 12克

裝飾

果乾b（切碎）———————————— 適量

Step By Step 步驟說明

脫模膏製作

01 澄清奶油小火加熱融化後，熄火。
⟶ 澄清奶油製作參考 P.119。

02 放入高筋麵粉，拌勻。
⟶ 油粉比例為4:1。

03 脫模膏即完成。
⟶ 脫模膏完成後，可放於乾淨容器中，冷藏保存，使用時直接取出使用。

前置作業

04 將果乾a浸泡於深色萊姆酒中一晚，將果乾a取出後，取廚房紙巾壓乾表面水分，備用。
⟶ 果乾可依個人喜好及取得方便選擇使用；浸泡至隔夜，會更有風味。

05 將無鹽奶油放置室溫軟化；果乾b切碎，備用。

06 將椰糖、低筋麵粉分別過篩，備用。
⟶ 因椰糖易受潮結塊，故須過篩。

07 準備迷你咕咕霍夫連模（1顆成品重約45 ～ 50克），並在迷你咕咕霍夫連模內仔細刷上脫模膏。

08 預熱烤箱至上火、下火180˚c。

09 取一小鐵鍋，倒入萊姆酒、飲用水、細砂糖b。

⇥ 建議在蛋糕烘烤時準備酒糖液；另須使用飲用水，為確保生菌數及衛生問題；喜愛酒香濃郁者，也可用萊姆酒30克，不加飲用水。

10 開小火，煮至鍋邊冒小泡泡後，持續用小火，再煮1分鐘確保沸騰，即可關火。

⇥ 請勿大火煮沸，因有可能將酒糖液煮乾。

11 取白巧克力和椰奶b，以1：1的比例加入量杯中。

12 以隔水加熱的方式，融化材料，即可使用。

⇥ 可在蛋糕全涼後製作。

13 取攪拌盆，加入室溫軟化的無鹽奶油，以手持電動攪拌器（或桌上型攪拌機）拌開。

14 加入過篩後的椰糖，以手持電動攪拌器，拌勻。

⇥ 椰糖可用細砂糖或上白糖取代，成品風味會不一樣。

奶油糖糊

15　加入蛋黃，攪打均勻。

16　加入椰奶a，攪打均勻。

17　如圖，奶油糖糊完成，備用。

蛋白霜製作

18　將冰蛋白倒入乾淨無水、無油的攪拌盆中後，加入檸檬汁，以手持電動攪拌器：

❶ 以中高速攪打至大氣泡出現後，加入⅓量的細砂糖a。

❷ 以中速攪打至蛋白體積膨大，再加入⅓量的細砂糖a，繼續攪打。

❸ 以中速攪打至出現紋路後，加入最後⅓量的細砂糖a，繼續攪打。

❹ 以中速攪打至尾端直立，呈乾性發泡狀態。

❺ 將攪拌頭提起前，轉為低速攪打30秒，讓大氣泡排出，蛋白霜更加細緻，完成蛋白霜製作。

⋯ ❶以冰蛋白製作，可以讓蛋白霜呈現細緻光亮狀態。當蛋白溫度太高，蛋白霜會呈現粗糙不具光亮感；❷檸檬汁可用白醋代替，以讓蛋白霜的狀態穩定；❸小匙是以5克為單位。

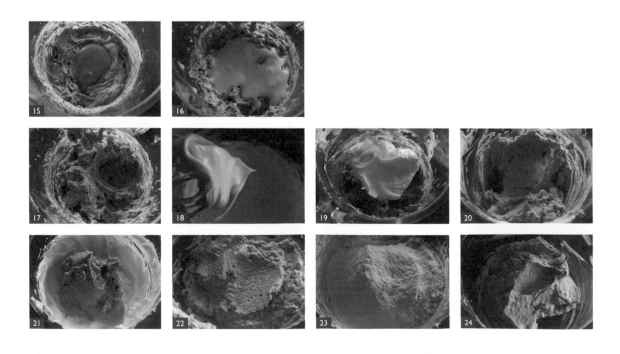

19　取⅓量的蛋白霜，加入奶油糖糊中。

20　以刮刀拌勻。

21　將拌勻的奶油糖糊，再倒回剩餘的⅔蛋白霜中。

22　以刮刀拌勻。

23　加入過篩後的低筋麵粉。

24　以刮刀拌勻，呈現極濃稠，無流動性狀態。

25　加入果乾。

26　以刮刀拌勻，呈現濃稠無流動性狀態。

27　將果乾麵糊裝入擠花袋或三明治袋中，並在尖端剪一小開口，備用。

28　將果乾麵糊擠入迷你咕咕霍夫連模，約8分滿。

29　放入烤箱中下層，以上火、下火180˚c，烘烤16～18分鐘，至表面上色，即可使用隔熱手套將迷你咕咕霍夫連模從烤箱中取出，出爐後，即可脫模，置於散熱架上。

30　在蛋糕表面，刷上酒糖液。
　　⋯ 建議在蛋糕烘烤時準備酒糖液。

31　室溫放置蛋糕全涼後，在蛋糕頂部凹槽處，擠上甘納許，以增加風味與視覺感。

32　可再放上切碎的果乾b作為點綴，以加強視覺感。

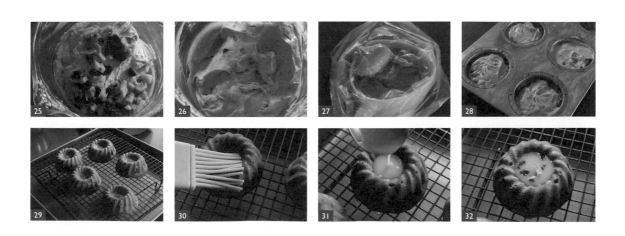

04

抹茶栗子磅蛋糕

油糖打發法

暖心蛋糕 × 常溫蛋糕

INGREDIENTS 使用材料

脫模膏

澄清（無水）奶油	50克
高筋麵粉	12克

酒糖液

抹茶酒	15克
清水	15克
細砂糖	10克

蛋奶糖糊

無鹽奶油（室溫軟化）	100克
糖粉	70克
全蛋（去殼，常溫）	100克

白色麵糊

低筋麵粉a	50克
泡打粉a	1克

綠色麵糊

低筋麵粉b	50克
泡打粉b	1克
抹茶粉	6克
全脂鮮奶	15克

裝飾

市售糖漬栗子	適量

‖ TIPS ‖

❀ **關於保存方式**

製作完成的蛋糕，可室溫放置3天，若超過3天，可在分切後，密封冷凍保存，不建議長期冷藏保存，會影響口感。

❀ **關於食用方式**

從冷凍取出的蛋糕，可以室溫回溫，或是微波加熱後食用。

脫模膏製作

01　澄清奶油小火加熱融化後，熄火。
　　⤳ 澄清奶油製作參考 P.119。

02　放入高筋麵粉，拌勻。
　　⤳ 油粉比例為4:1。

03　脫模膏即完成。
　　⤳ 脫模膏完成後，可放於乾淨容器中，冷藏保存，使用時直接取出使用。

前置作業

04　準備長23×寬4.5（底部3.5）×高6.5公分的方形烤模，並在方形烤模內仔細刷上脫模膏。

05　預熱烤箱至上火、下火180˚c。

06　將抹茶粉，以及低筋麵粉a、b和泡打粉a、b，分別過篩，備用。

07　將全蛋放置室溫回溫，約23 ～ 24˚c左右，備用。
　　⤳ 將全蛋回到室溫，較不易產生油水分離的狀態。

08　將無鹽奶油放置室溫軟化，溫度約20˚c左右，備用。
　　⤳ 將無鹽奶油回到室溫，較不易產生油水分離的狀態。

酒糖液製作

09　取一小鐵鍋，倒入抹茶酒、清水、細砂糖。
　　⤳ 建議在蛋糕烘烤時準備酒糖液；另須使用飲用水，為確保生菌數及衛生問題。

10 開小火，煮至鍋邊冒小泡泡後，持續用小火，再煮1分鐘確保沸騰，即可關火。

→ 請勿大火煮沸，因有可能將酒糖液煮乾。

11 取攪拌盆，倒入室溫軟化的無鹽奶油、糖粉，以手持電動攪拌器（或桌上型攪拌機），慢速將無鹽奶油與糖粉拌勻後，再轉中速，攪打至表面光亮均勻。

12 分2～3次加入已回溫的全蛋，並以手持電動攪拌器攪拌均勻。

→ 分次加入全蛋，可降低油水分離的機率。

13 邊加入全蛋邊攪打，打至全蛋完全均質吸收，再加入下一次的全蛋，直至全蛋使用完畢。

14 以手持電動攪拌器攪打至呈現光滑、細緻、無顆粒的狀態，為蛋奶糖糊。

15 將蛋奶糖糊分成兩份，並分別倒入攪拌盆中後，取其中一份，加入過篩後的低筋麵粉a、泡打粉a，以刮刀攪拌均勻，為白色麵糊。

16 取另一份蛋奶糖糊，加入過篩後的低筋麵粉b、泡打粉b、抹茶粉，以刮刀攪拌均勻後，再倒入全脂鮮奶，以調整麵糊濃稠度，為綠色麵糊。

17 將白色麵糊、綠色麵糊裝入擠花袋或三明治袋中，並在尖端剪一小開口，備用。

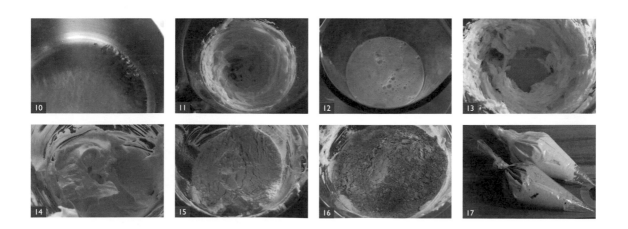

<table>
<tr><td rowspan="2">組合</td><td>18</td><td>將綠色麵糊擠入方形烤模，約5分滿後，在表面排上糖漬栗子。</td></tr>
</table>

組合

18　將綠色麵糊擠入方形烤模，約5分滿後，在表面排上糖漬栗子。

19　在綠色麵糊上方，再擠入白色麵糊，約8分滿後，以刮刀抹平表面。

20　以刮刀將麵糊從中間往左側邊緣輕輕推高。

21　以刮刀將麵糊從中間往右側邊緣輕輕推高，即完成中間凹陷、兩端微微推高的麵糊狀態。

→ 將麵糊往兩側推高，能增加麵糊與烤模的接觸面積，有利於烘烤。

烘烤

22　放入烤箱，以上火、下火180˚c，烘烤13～15分鐘後，取出方形烤模，此時麵糊表面結皮。

23　在麵糊表面劃線後，放入烤箱，再以上火、下火180˚c，續烤10～15分鐘。

→ 在表面結皮後，取出劃線，可讓蛋糕在烘烤膨脹後，產生的裂口較為規則美觀。

24　可在續烤10分鐘時，以蛋糕測試針戳入蛋糕體，拔出時，若無粉漿沾黏，即可出爐；若仍有粉漿沾黏，須續烤至無粉漿沾黏，才可出爐。

25　出爐後，即可脫模，置於散熱架上。

26　在磅蛋糕的每一面，包含底部皆刷上酒糖液。

→ 建議在磅蛋糕烘烤時準備酒糖液。

27　室溫放置磅蛋糕全涼後，包上保鮮膜，密封保存，靜置一夜，整體風味與濕潤感會更佳。

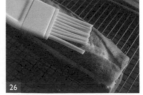

05

金磚費南雪

暖心蛋糕 × 常溫蛋糕

Ingredients 使用材料

此配方可製作 12 ～ 13 顆

奶油麵糊	
蛋白（常溫）	110克
上白糖	70克
蜂蜜	10克
低筋麵粉	44克
杏仁粉	55克
泡打粉	3克

焦化奶油	
無鹽奶油	100克（焦化後剩約75 ～ 79克）

脫模膏	
澄清（無水）奶油	50克
高筋麵粉	12克

脫模膏製作

01 澄清奶油小火加熱融化後，熄火。

⋯ 澄清奶油製作參考 P.119。

02 放入高筋麵粉，拌勻。

⋯ 油粉比例為4:1。

03 脫模膏即完成。

⋯ 脫模膏完成後，可放於乾淨容器中，冷藏保存，使用時直接取出使用。

前置作業

04 準備費南雪模具，並在費南雪模具內仔細刷上脫模膏。

⋯ 可使用瑪德蓮或小蛋糕模具製作。

05 將低筋麵粉、杏仁粉及泡打粉混合過篩；蛋白放置室溫回溫，備用。

06 預熱烤箱至上火、下火180°c。

焦化奶油製作

07 將無鹽奶油放入小鐵鍋後開小火，剛開始，鍋中會冒出較大的泡泡。

⋯ 焦化奶油又稱榛果奶油，奶油因加熱過程中，沉澱物焦化，顏色也會轉深，呈現類似榛果顏色，冒出堅果的芳香。

08 煮一段時間後，因水氣減少，泡泡會變細小。

09 煮至鍋邊有咖啡色的渣渣時，可關火，運用鍋中餘溫，繼續加熱，讓無鹽奶油逐漸變成較深的金黃色。

⋯ 若不關火，會因為溫度過高，而將無鹽奶油煮出燒焦味。

10 無鹽奶油顏色變深後，須立即放在冷水或濕抹布上，讓無鹽奶油降溫，即完成焦化奶油。

⋯ ❶ 若低於40 ～ 50℃，須隔著溫水保溫；❷ 將焦化奶油倒入可攪拌的小容器中，以方便之後的操作；❸ 完成後，剩約75 ～ 79克的焦化奶油。

11 將回溫的蛋白、上白糖、蜂蜜倒入攪拌盆中。

⋯ ❶ 蛋白回到常溫，有利於上白糖、蜂蜜的溶解；❷ 若無上白糖，可用細砂糖代替。

12 以刮刀拌勻，直至上白糖、蜂蜜溶解。

13 加入過篩後的低筋麵粉、杏仁粉、泡打粉。

14 以刮刀拌勻。

15 以篩網為輔助，倒入焦化奶油，順勢過濾掉焦化後的沉澱物。

⋯ 焦化奶油建議降溫至40℃以下再使用。

16 以刮刀拌勻。

17 如圖，麵糊呈現流動性的狀態，為奶油麵糊。

18 將奶油麵糊裝入擠花袋或三明治袋中，並在尖端剪一小開口，備用。

19 將奶油麵糊擠入費南雪模具，約8分滿。

20 放入烤箱中下層，以上火、下火180℃，烘烤10 ～ 11分鐘，至表面上色，即可使用隔熱手套將費南雪模具從烤箱中取出。

21 出爐後，即可脫模，置於散熱架上，室溫放涼即可食用。

⋯ 可室溫陰涼處放置5 ～ 7日，或是冷凍保存（請確實密封）；食用時，回溫至室溫即可享用。

06

焦糖餅乾瑪德蓮

INGREDIENTS 使用材料

此配方可製作 8 ～ 10 顆，但因模具大小不同會有差異

麵糊	
全蛋（去殼，約2顆；常溫）	
	130克
三溫糖	70克
蜂蜜	12克
低筋麵粉	70克
杏仁粉	10克
泡打粉	5克
澄清（無水）奶油a	70克
全脂鮮奶	20克
市售焦糖餅乾a（壓碎）	
	30克

澄清奶油	
無鹽奶油	500克

脫模膏	
澄清（無水）奶油b	50克
高筋麵粉	12克

裝飾	
市售焦糖餅乾b（切塊）	
	4片

澄清奶油製作

01 準備一鍋熱水，在熱水上放入耐熱的隔水加熱盆後，放入無鹽奶油。
→ 可一次製作大量，若需求量少，也可減量製作。

02 待無鹽奶油完全融化後，從鍋中取出，室溫靜置至無鹽奶油分層。
→ 不須沸騰，只要融化即可。

03 最上層有小泡泡是酪蛋白，較常見於直火加熱，隔水加熱時較少出現，若出現，可以撈掉；中間層為純化的無水奶油；最下層為奶水（buttermilk），也稱為白脫奶、淡奶。
→ 奶水，一般用在點心（馬芬、司康），或是料理裡，用於增香、增風味，現在市面上有在販售。

04 將分離的奶油，整罐放入冷藏，待奶油凝固。

05 待奶油凝固後，將最下層的奶水取出。

06 如圖，凝固的部分即為澄清（無水）奶油。
→ 一般家庭製作，建議冷藏保存，因怕有殘留奶水，放置室溫容易變質。

脫模膏製作

07 澄清奶油b小火加熱融化後，熄火。

08 放入高筋麵粉，拌勻。
→ 油粉比例為4:1。

09 脫模膏即完成。
→ 脫模膏完成後，可放於乾淨容器中，冷藏保存，使用時直接取出使用。

10 若澄清（無水）奶油a非當日製作，已冷藏保存為塊狀，須先取70克後，隔水加熱至融化。

11 預熱烤箱至上火、下火180°c。

12 將低筋麵粉、杏仁粉、泡打粉混合過篩；全蛋放置室溫回溫，備用。

13 準備瑪德蓮模具，並在瑪德蓮模具內仔細刷上脫模膏。

14 將焦糖餅乾a放入塑膠袋中。

15 以擀麵棍將焦糖餅乾a壓碎，為餅乾碎，備用。

16 將回溫的全蛋、三溫糖、蜂蜜倒入攪拌盆中後，以手持球型打蛋器拌勻，直至三溫糖、蜂蜜完全溶解。

→ ❶可用細黃砂糖代替三溫糖；❷全蛋為常溫狀態（24 ～ 25°c），有利於三溫糖、蜂蜜的溶解。

17 倒入已事先融化的澄清（無水）奶油a。

→ 隔水融化的澄清奶油，建議回溫至40°c以下，再使用。

18 以手持球型打蛋器，拌勻。

19 加入過篩後的低筋麵粉、杏仁粉、泡打粉。

20 以刮刀拌勻。

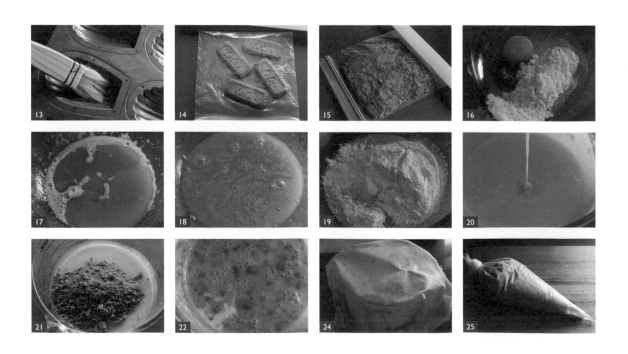

21　加入焦糖餅乾碎a。

22　加入全脂鮮奶，稍微拌勻，以調整麵糊的濃稠度。

23　將麵糊確實密封後，置於冰箱冷藏，靜置一夜。

24　隔天，取出麵糊，放置室溫，讓麵糊回到室溫。

25　將回到室溫的麵糊，裝入擠花袋或三明治袋中，並在尖端剪一小開口，備用。

26　將麵糊擠入瑪德蓮模具，約8分滿。

27　在麵糊上方放置焦糖餅乾b，約⅓ ～ ¼塊，以增加風味。

28　放入烤箱，以上火、下火180˚c，烘烤10 ～ 11分鐘，至表面上色，即可使用隔熱手套將瑪德蓮模具從烤箱中取出。

29　出爐後，即可脫模，置於散熱架上，室溫放涼即可食用。

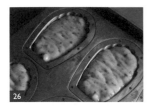 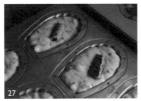  

‖ TIPS ‖

⊗ 澄清奶油說明

澄清奶油，又稱脫水奶油、無水奶油、純化奶油，英文為Dehydrated butter、Clarified butter、Ghee，因名稱中有「無水」，顧名思義，奶油中的水分含量極少，幾乎近於零；從字面上看來都是將水拿掉純化的意思。

因乳脂含量約98%以上，所以在製作應景的油皮、油酥點心時，可以讓成品香香酥酥。有時在法式甜點食譜、點心食譜，甚至是餐點食譜都會見到它。

⊗ 關於保存方式

可室溫陰涼處放置5 ～ 7日，或是冷凍保存（請確實密封），食用時，回溫至室溫即可享用。

07

酥頂藍莓馬芬

暖心蛋糕 × 常溫蛋糕

Ingredients 使用材料

乾性材料

低筋麵粉a	180克
玉米粉	20克
上白糖	70克
泡打粉	9克

濕性材料

全蛋（去殼，約1顆）	50克
全脂鮮奶	100克
無糖希臘優格	50克

植物油	50克
香草醬	5克

酥鬆粒（沙菠蘿）

低筋麵粉b	20克
無鹽奶油（冷藏，切小丁）	20克
細砂糖	15克

內餡

藍莓	120克
白巧克力豆	50克

Step By Step 步驟說明

前置作業

01 準備直徑7公分、高3公分、底部直徑約5公分的馬芬烤紙模，並放在金屬馬芬模具中。
⋯ 因烤紙模柔軟無支撐性，故須放入金屬模具中。

02 可選用新鮮、冷凍的藍莓。

03 從冰箱取出無鹽奶油，並切成小丁後，放回冰箱冷藏。
⋯ 從冰箱取出無鹽奶油，除了便於切成小丁外，也有利於後續操作。

04 預熱烤箱至上火、下火180°c。

酥鬆粒製作

05 將低筋麵粉b、冰無鹽奶油丁、細砂糖倒入攪拌盆中。

06 用手將油粉糖混拌均勻後，利用指腹將無鹽奶油丁搓成小細沙、小石礫狀態，放入冰箱冷藏，備用。

→ ❶酥鬆粒會因室溫或指腹溫度，產生軟化的狀態，故須冷藏冰硬後使用；❷酥鬆粒可用於吐司、麵包頂部裝飾，沒使用完須密封冷凍保存；❸若大量製作，可直接用調理機操作。

07 將低筋麵粉a、玉米粉、上白糖、泡打粉倒入攪拌盆中，以手持球型打蛋器攪拌均勻，即完成乾性材料拌勻。

→ ❶上白糖除了保濕度較佳，也擁有易溶解的特性，若無可用細砂糖取代；❷選用玉米粉是考量成品口感。

08 將全蛋、全脂鮮奶、無糖希臘優格、植物油、香草醬倒入攪拌盆中。

→ ❶建議使用方便取得且氣味淡的油，例如：玄米油、葡萄籽油、酪梨油，因此較不建議使用花生油、芝麻油、橄欖油等氣味較強烈的油；❷希臘優格本身質地較為濃稠，流動性較低；另選用無糖主要因較能精準設定食譜，不會因各家糖分不同，而使成品甜度有差異。

09 以手持球型打蛋器攪拌均勻，即完成濕性材料拌勻。

10 將濕性材料倒入乾性材料中。

11 以刮刀翻拌至無乾粉，即完成麵糊製作。

→ 馬芬要鬆軟不硬口，勿過度翻拌，翻拌狀態只要看不見乾粉，帶一點濕性小團塊沒關係，因為需要這狀態；在操作過程中，乾性材料、濕性材料須事先分別拌勻，這動作須確實完成，以免食材分布不均。

12　將藍莓、白巧克力豆加入麵糊中。

13　以刮刀稍微拌勻，勿過度翻拌，為藍莓巧克力麵糊。

14　將完成的藍莓巧克力麵糊裝入擠花袋或三明治袋中，並在尖端剪一小開口，備用。

　　⋯ 也可取湯匙舀麵糊後，直接倒入馬芬烤紙模中。

15　將藍莓巧克力麵糊擠入馬芬烤紙模，約8分滿。

16　將酥鬆粒均勻鋪於藍莓巧克力麵糊的頂部。

17　放入烤箱中下層，以上火、下火180°c，烘烤25分鐘，以蛋糕測試針戳入馬芬中心點，若無沾黏生麵糊，則代表馬芬已烤熟。

　　⋯ 馬芬要濕潤，除了食譜設計外，掌握烘烤時間是很重要的關鍵，故建議出爐時間的前5分鐘，以蛋糕測試針測試麵糊熟度，以免過度烘烤，導致口感不佳等問題。

18　出爐後，即可脫模，置於散熱架上，室溫放涼即可食用。

　　⋯ 可室溫陰涼處放置3日，或是冷凍保存（請確實密封），食用時，退冰至室溫即可享用。

08

巧克力馬芬

暖心蛋糕 × 常溫蛋糕

INGREDIENTS 使用材料

乾性材料

中筋麵粉	100克
低筋麵粉	100克
全脂奶粉	20克
泡打粉	10克
小蘇打粉	1克
上白糖	80克
無糖可可粉	40克

濕性材料

全蛋（去殼，約2顆）	100克
植物油	100克
全脂鮮奶	100克
無糖希臘優格	105克

內餡

苦甜巧克力豆a	150克

裝飾

苦甜巧克力豆b	6 ～ 8顆（6份）
巧克力夾心小餅乾	6個

STEP BY STEP 步驟說明

前置作業

01 準備直徑7公分、高3公分、底部直徑約5公分的馬芬烤紙模，並放在金屬馬芬模具中。

→ 因烤紙模柔軟無支撐性，故須放入金屬模具中；另因要烘烤蘑菇頭狀馬芬，故烤紙模須間隔擺放，若成品在烘烤時受熱膨脹，邊緣才不會沾黏在一起；若不想要有蘑菇頭造型，則可連續擺放。

02 準備裝飾用與麵糊中的巧克力豆（水滴狀），可可脂比例依個人喜好斟酌使用，此次製作使用苦甜巧克力。

03 預熱烤箱至上火、下火180˚c。

04 將中筋麵粉、低筋麵粉、全脂奶粉、泡打粉、小蘇打粉、上白糖、無糖可可粉，以手持球型打蛋器攪拌，完成乾性材料拌勻。

→ ❶ 使用中筋麵粉混合低筋麵粉，是為口感考量而設計，做過此比例後，也可以全使用低筋麵粉或中筋麵粉製作，成品口感皆會有些許差異；❷ 奶粉建議使用全脂，風味較佳；但不建議使用嬰幼兒奶粉，因嬰幼兒奶粉裡添加多種營養成分，所以風味與一般奶粉不同，不適合製作點心；❸ 小蘇打粉除了呈色作用，也有助於增加口感的鬆軟度；❹ 上白糖除了保濕度較佳，也擁有易溶解的特性，若無可用細砂糖取代。

05 將全蛋、植物油、全脂鮮奶、無糖希臘優格倒入攪拌盆。

→ ❶ 建議使用方便取得且氣味淡的油，例如：玄米油、葡萄籽油、酪梨油，因此較不建議使用花生油、芝麻油、橄欖油等氣味較強烈的油；❷ 希臘優格本身質地較為濃稠，流動性較低；另選用無糖主要因較能精準設定食譜，不會因各家糖分不同，而使成品甜度有差異。

06 以手持球型打蛋器攪拌，完成濕性材料拌勻。

07 將濕性材料倒入乾性材料中。

08 以刮刀翻拌至無乾粉，即完成麵糊製作。

　→ 馬芬要鬆軟不硬口，勿過度翻拌，翻拌狀態只要看不見乾粉，帶一點濕性小團塊沒關係，因為需要這狀態；在操作過程中，乾性材料、濕性材料須事先分別拌勻，這動作須確實完成，以免食材分布不均。

09 將苦甜巧克力豆a加入麵糊中，以刮刀稍微拌勻，勿過度翻拌，為巧克力麵糊。

10 將完成的巧克力麵糊裝入擠花袋或三明治袋中，並在尖端剪一小開口，備用。

　→ 也可取湯匙舀麵糊後，直接倒入馬芬烤紙模中。

11 將巧克力麵糊擠入馬芬烤紙模中，因要製作蘑菇頭造型，故須擠至全滿；若不喜蘑菇頭造型，擠入約8分滿即可，但成品總數量會增加1～2顆。

12 將苦甜巧克力豆b、巧克力夾心小餅乾，放在巧克力麵糊的頂部。

13 放入烤箱中下層，以上火、下火180˚c，烘烤25分鐘，以蛋糕測試針戳入馬芬中心點，若無沾黏生麵糊，則代表馬芬已烤熟。

　→ ❶馬芬要濕潤，除了食譜設計外，掌握烘烤時間是很重要的關鍵，故建議出爐時間的前5分鐘，以蛋糕測試針測試麵糊熟度，以免過度烘烤，導致口感不佳等問題；❷烘烤時，頂部巧克力融化為正常現象。

14 出爐後，即可脫模，置於散熱架上，室溫放涼即可食用。

‖ TIPS ‖

⊗ **關於保存和食用方式**

可室溫陰涼處放置3日，或是冷凍保存（請確實密封），食用時，退冰至室溫即可享用。

若喜歡巧克力熔岩感，在馬芬體為常溫狀態時，可微波20～30秒。

蛋糕捲捲法

以下為捲蛋糕捲的注意事項。

◆ 捲蛋糕捲的時機

❶ 內餡少、非奶油餡，可微溫捲

若是內餡較少，薄薄一層，且非奶油餡的情況下，例如，果醬、巧克力醬，肉鬆等，建議微涼（手摸有點微溫）再捲起來，因在這狀態下的蛋糕體，可彎折的角度比較大，較容易捲起來。

❷ 內餡多、是奶油餡，須放涼捲

若是內餡多，且是遇熱就融化的奶油餡，建議放涼再捲。

◆ 捲蛋糕捲時，捲裂的原因

❶ 蛋白霜狀態不對

操作者可以回想，是否減糖過多，造成蛋白霜不穩定，混拌消泡。蛋白攪打狀態，須將蛋白攪打至濕性發泡，蛋白霜外觀光亮細緻，看不見毛孔，呈現均勻的絲滑狀態，且完成的溫度狀態為冰冰涼涼。

❷ 爐溫過高，烘烤過久，離上火太近

建議使用可以分開調整上火、下火的烤箱較佳，烘烤蛋糕捲時建議放置於中下層，因前段爐溫，上火會用稍高溫，短時間讓表面上色；一上色就調低上火，下火不變，成品也會更好捲。若用低溫火慢慢烤，除了易烤不上色外，烤久了，反而變乾。

❸ 出爐後造成的裂開

出爐放涼時，蛋糕體表面沒鋪上烘焙紙防乾燥；或靜置過久，沒有捲起，造成蛋糕體乾燥。

✦ 少奶油的捲法

適用於 肉鬆蛋糕捲、虎皮蛋糕捲。

01 準備防滑墊、烘焙白報紙、長擀麵棍或長木棍。

02 將蛋糕體放在烘焙白報紙上，並以蛋糕刀直切靠近自己那側的蛋糕體邊緣，讓捲起面較美觀。

03 以蛋糕刀斜切（刀口朝外方向）離自己較遠那側的蛋糕體邊緣，捲起的收口會較美觀。

04 如圖，蛋糕體兩側邊緣切製完成。

05 以蛋糕刀刀背在蛋糕體表面，淺淺的劃上直線。

⋯ 這動作可讓蛋糕體更容易被捲起，但勿劃過深，過深的切口易使蛋糕體斷裂。

06 在蛋糕體表面均勻抹上奶油霜。

07 以擀麵棍先在烘焙白報紙，靠近自己這一側的邊緣，轉1～2圈固定，讓擀麵棍方便帶動烘焙白報紙後，以擀麵棍為輔助，將蛋糕體提高。

08 將擀麵棍向下壓。

09 如圖，下壓後呈現的狀態，從操作者角度看過去，蛋糕體呈現「點頭」的狀態，即為捲起時，中心點呈現「の」字型的關鍵動作。

10 捲動擀麵棍、帶動烘焙白報紙，順勢向前平行捲動。

11 利用擀麵棍捲動的力道，讓蛋糕體向前平行捲起，才能讓蛋糕體捲的緊實、沒空隙，切面的外型才會有圓澎感，不會呈現扁塌的外觀。
→ 皆是用擀麵棍施力。

12 將蛋糕體捲到底後，將擀麵棍貼住桌面後，施點力將擀麵棍離開蛋糕體，確實將蛋糕體包覆起來，放入冰箱冷藏30分鐘後，定型。

13 從冰箱取出蛋糕體後，將蛋糕體從烘焙白報紙中取出，即完成少奶油的捲法。

♦ 多奶油的捲法

適用於　原味生乳捲、可可生乳捲、抹茶生乳捲、黑芝麻生乳捲。

01 準備防滑墊、烘焙白報紙、長擀麵棍或長木棍。

02 將蛋糕體放在烘焙白報紙上，並以蛋糕刀直切靠近自己那側的蛋糕體邊緣，讓捲起面較美觀。

03 以蛋糕刀斜切（刀口朝外方向）離自己較遠那側的蛋糕體邊緣，捲起的收口會較美觀。

04 如圖,蛋糕體兩側邊緣切製完成。

05 以蛋糕刀刀背在蛋糕體表面,淺淺的劃上直線。

   → 這動作可讓蛋糕體更容易被捲起,但勿劃過深,過深的切口易使蛋糕體斷裂。

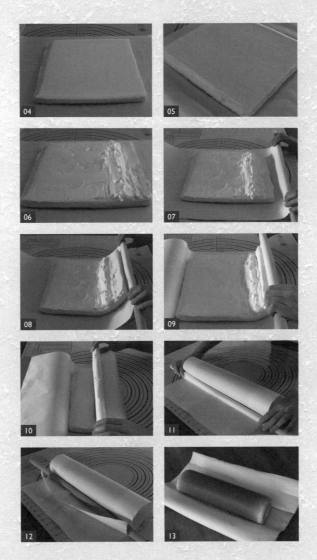

06 在蛋糕體表面,靠近自己那側,約距離5～7公分處,抹得高聳些,其他地方則均勻抹平。

07 以擀麵棍先在烘焙白報紙,靠近自己這一側的邊緣,轉1～2圈固定,讓擀麵棍方便帶動烘焙白報紙。

08 以擀麵棍為輔助,將蛋糕體提高。

09 將擀麵棍向下壓。

10 捲動擀麵棍、帶動烘焙白報紙,順勢向前平行捲動,並運用擀麵棍捲動的力道,讓蛋糕體向前平行捲起,才能讓蛋糕體捲的緊實、沒空隙,切面的外型才會有圓澎感,不會呈現扁塌的外觀。

   → 皆是用擀麵棍施力。

11 將蛋糕體捲到底,並將擀麵棍貼住桌面後,施點力將擀麵棍離開蛋糕體。

12 將擀麵棍離開蛋糕體後,確實將蛋糕體包覆起來,放入冰箱冷藏30分鐘後,定型。

13 從冰箱取出蛋糕體後,將蛋糕體從烘焙白報紙中取出,即完成多奶油的捲法。

原味波士頓派

暖心蛋糕 × 夾餡蛋糕

INGREDIENTS 使用材料

蛋黃麵糊	
蛋黃	2顆
植物油	25克
全脂鮮奶	38克
低筋麵粉	43克
玉米粉	5克

蛋白霜	
冰蛋白（約3顆）	100克
細砂糖a	45克
檸檬汁（或白醋）	½小匙

鮮奶油餡	
動物性鮮奶油	100克
馬斯卡彭乳酪	20克
細砂糖b	12克

STEP BY STEP 步驟說明

前置作業

01 準備7吋波士頓派烤盤。

02 將低筋麵粉、玉米粉混合過篩，備用。

03 預熱烤箱至上火190˚c、下火100˚c。

蛋黃麵糊製作

04 將蛋黃、植物油，倒入攪拌盆中。
　→ 建議使用方便取得且氣味淡的油，例如：玄米油、葡萄籽油、酪梨油，因此較不建議使用花生油、芝麻油、橄欖油等氣味較強烈的油。

05 以手持球型打蛋器拌勻後，蛋黃、植物油呈現完全乳化、視覺上帶些許泛白，沒有油沉澱在底部的狀態。

06 加入全脂鮮奶，拌勻。

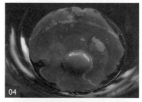

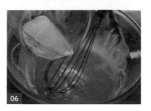

07 加入過篩後低筋麵粉、玉米粉，拌勻。

08 如圖，蛋黃麵糊完成，呈現具有緩慢的流動性，但非水狀流動性。

09 將冰蛋白倒入乾淨無水、無油的攪拌盆中後，加入檸檬汁，取手持電動攪拌器，以中高速攪打至大氣泡出現後，加入⅓量的細砂糖a。

　⋯ ❶ 以冰蛋白製作，可以讓蛋白霜呈現細緻光亮狀態。當蛋白溫度太高，蛋白霜會呈現粗糙不具光亮感；❷ 檸檬汁可用白醋代替，以讓蛋白霜的狀態穩定。

10 以中速攪打至蛋白出現細小泡泡，再加入⅓量的細砂糖a，繼續攪打。

11 以中速攪打至出現紋路後，加入最後⅓量的細砂糖a，繼續攪打。

12 以中速攪打至出現短彎鉤，接近乾性發泡狀態，此時蛋白狀態雖到達，但細緻度仍不足。

13 將攪拌頭提起前，轉為低速攪打30秒，讓大氣泡排出，蛋白霜更加細緻，帶有絲滑光澤度，完成蛋白霜製作。

14 取⅓量的蛋白霜，加入蛋黃麵糊中，以手持球型打蛋器拌勻。

15 將拌勻的蛋黃麵糊，再倒回剩餘的⅔蛋白霜中。

16 以刮刀拌勻，為麵糊。

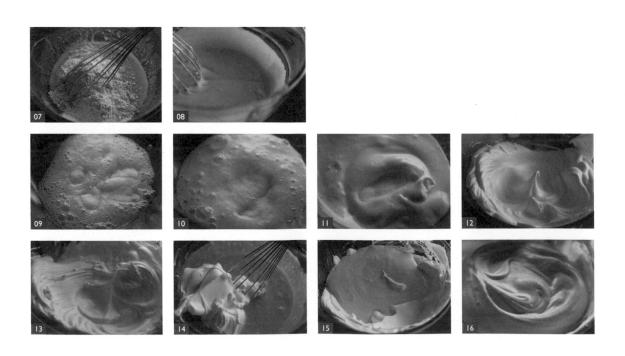

17 將麵糊倒入7吋波士頓派烤盤中。

18 以軟刮板將麵糊往中間堆高後,再將表面抹平。

19 放入烤箱中下層:

❶ 以上火190˚c、下火100˚c,烘烤13 ~ 15分鐘,至表面上色;

❷ 調整溫度為上火170˚c、下火100˚c,續烤15分鐘;

❸ 調整溫度為上火150 ~ 160˚c、下火130˚c,續烤10 ~ 13分鐘,至蛋糕體完全熟成。

20 使用隔熱手套將波士頓派烤盤從烤箱裡取出,並輕震波士頓派烤盤,使熱空氣排出後,將波士頓派烤盤倒扣,室溫放置全涼。

21 將動物性鮮奶油、馬斯卡彭乳酪、細砂糖b放入500cc量杯中。

⋯ ❶動物性鮮奶油、馬斯卡彭乳酪須放置冰箱冷藏,製作時再取出使用;❷若馬斯卡彭乳酪不方便取得,可使用動物性鮮奶油取代,其他比例不變。

22 以手持電動攪拌器攪打至尾端直立,即完成鮮奶油餡。

⋯ 因為500cc的量杯高聳,加上杯寬較適中,攪打面積不會過大,可更確實,且更快的將鮮奶油攪打均勻。

23 以蛋糕刀從蛋糕體中間橫切成兩半,先在下層抹上鮮奶油餡,再將上層蛋糕體蓋上,並放入保鮮盒後,放入冰箱冷藏1小時。

⋯ 夾餡後,放入冷藏,能使鮮奶油餡凝固更完全,蛋糕切面更加美觀。

24 從冰箱取出波士頓派後,即可切片享用。

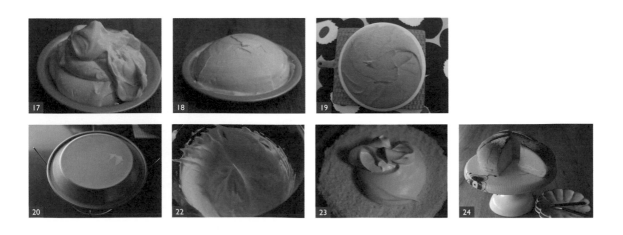

10

原味生乳捲

暖心蛋糕 × 夾餡蛋糕

◆

‖ TIPS ‖

此製作使用油粉拌勻法，也稱後蛋法，有別以往先將蛋黃、油事先乳化拌勻的操作方式，改先將油與麵粉拌勻，讓麵粉表面被油脂包覆，阻斷麵粉產生筋性，就能讓麵粉不易出筋，口感也會更加輕盈。而因在之後加入液體食材，最後再加入蛋黃，所以又稱後蛋法。

Ingredients 使用材料

蛋黃麵糊

植物油	45克
低筋麵粉	65克
柳橙汁	55克
蛋黃（約5顆）	91克

蛋白霜

冰蛋白（約5顆）	175克
細砂糖a	65克
檸檬汁（或白醋）	½小匙

鮮奶油餡

動物性鮮奶油	100克
馬斯卡彭乳酪	20克
細砂糖b	12克

Step By Step 步驟說明

前置作業

01　準備28×28×3.5公分的方形烤模，並鋪上烘焙紙（或烘焙布）。

02　柳橙汁室溫回溫。
　　⤷ 可依個人便利性，選擇現榨或市售柳橙汁。

03　將低筋麵粉過篩，備用。

04　預熱烤箱至上火200℃、下火130℃。

蛋黃麵糊製作

05　將植物油，倒入攪拌盆中。
　　⤷ 建議使用方便取得且氣味淡的油，例如：玄米油、葡萄籽油、酪梨油，因此較不建議使用花生油、芝麻油、橄欖油等氣味較強烈的油。

06　加入過篩後低筋麵粉。

07　以手持球型打蛋器混拌均勻。

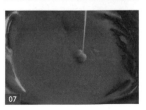

08　加入常溫柳橙汁。

09　以手持球型打蛋器拌勻。

10　分2～3次加入蛋黃，須拌勻後，才可再加入，直至蛋黃用完。

11　如圖，蛋黃麵糊完成，呈現具有流動性，滴落後，摺痕1秒即消失的狀態。

12　將冰蛋白倒入乾淨無水、無油的攪拌盆中後，加入檸檬汁，取手持電動攪拌器，以中高速攪打至大氣泡出現後，加入⅓量的細砂糖a。
　　⋯ ❶以冰蛋白製作，可以讓蛋白霜呈現細緻光亮狀態。當蛋白溫度太高，蛋白霜會呈現粗糙不具光亮感；❷檸檬汁可用白醋代替，以讓蛋白霜的狀態穩定。

13　以中高速攪打至蛋白出現細小泡泡，蛋白外觀略微膨脹，再加入⅓量的細砂糖a，繼續攪打。

14　以中高速攪打至出現紋路，此時外觀仍粗糙不細緻，加入最後⅓量的細砂糖a，繼續攪打。

15　以中高速攪打至蛋白霜外觀光亮細緻，攪拌頭提起時，尾端出現下垂的長彎鉤，再轉為低速攪打30秒，讓蛋白霜更加細緻，呈現濕性發泡狀態，完成蛋白霜製作。
　　⋯ 製作生乳捲，蛋白須攪打至濕性發泡，有利蛋糕體捲起，較不易斷裂。

16　蛋白霜完成狀態為冰涼，外觀為潔白、光亮、細緻，非粗糙狀態。

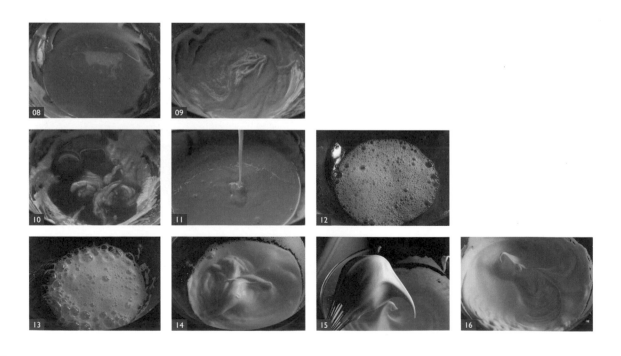

17 取⅓量的蛋白霜，加入蛋黃麵糊中，以手持球型打蛋器拌勻。

18 將拌勻的蛋黃麵糊，再倒回剩餘的⅔蛋白霜中。

19 以刮刀拌勻，呈現光亮細緻，無氣泡的濃稠狀態，即完成麵糊。

⋯ 若麵糊不斷冒出氣泡，即為消泡狀態，這狀態會影響成品的高度、外觀及口感。

20 將麵糊倒入方形烤模中。

21 以刮板將麵糊刮平。

22 放入烤箱中下層：

❶ 以上火200˚c、下火130˚c，烘烤10分鐘，至表面上色；

❷ 調整溫度為上火180˚c、下火130˚c，續烤7分鐘；

❸ 調整溫度為上火160˚c、下火130˚c，續烤8分鐘，至蛋糕體完全熟成。

23 使用隔熱手套將方形烤模從烤箱裡取出後，將蛋糕體連同烘焙紙（或烘焙布）提高，並順勢離開方形烤模，撕開烘焙紙邊緣後，室溫放置全涼。

24 待涼時，須在蛋糕體表面鋪上烘焙紙（或烘焙布），以免蛋糕體因直接接觸室內空氣而變乾燥。

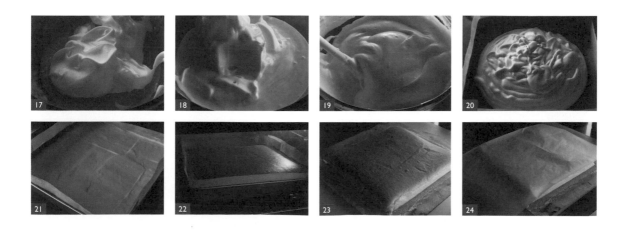

25 將動物性鮮奶油、馬斯卡彭乳酪、細砂糖b放入500cc量杯中。

⋯ ❶動物性鮮奶油、馬斯卡彭乳酪須放置冰箱冷藏，製作時再取出使用；❷若馬斯卡彭乳酪不方便取得，可使用動物性鮮奶油取代，其他比例不變。

26 以手持電動攪拌器攪打至尾端直立，即完成鮮奶油餡。

⋯ 因為500cc的量杯高聳，加上杯寬較適中，攪打面積不會過大，可更確實，且更快的將鮮奶油攪打均勻。

27 待蛋糕體涼後，將蛋糕體翻面，撕去烘焙紙（或烘焙布），準備抹上內餡。

28 以蛋糕刀直切靠近自己那側的蛋糕體邊緣，讓捲起面較美觀。

29 以蛋糕刀斜切（刀口朝外方向）離自己較遠那側的蛋糕體邊緣，捲起的收口處會較美觀。

30 以蛋糕刀刀背在蛋糕體表面，淺淺的劃上直線。

⋯ 這動作可讓蛋糕體更容易被捲起，但勿劃過深，過深的切口易使蛋糕體斷裂。

31 在蛋糕體表面，靠近自己那側，約距離5 ～ 7公分處，將鮮奶油餡抹得高聳些，其他地方則均勻抹平。

32 捲起，放入冰箱冷藏30分鐘後，定型。

33 從冰箱取出原味生乳捲後，將原味生乳捲從烘焙紙中取出，即可切片享用。

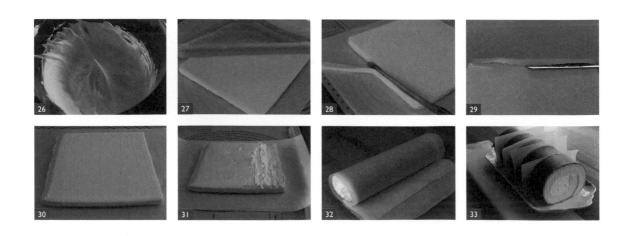

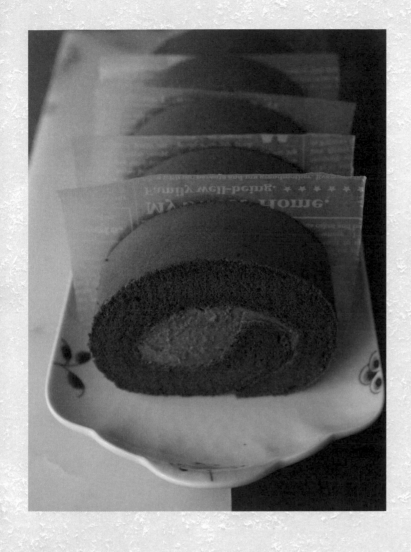

11

可可生乳捲

暖心蛋糕 × 夾餡蛋糕

Ingredients 使用材料

可可蛋黃麵糊		蛋白霜		可可奶油餡	
清水	60克	冰蛋白（約5顆）	168克	動物性鮮奶油	100克
無糖可可粉a	15克	細砂糖a	70克	馬斯卡彭乳酪	50克
植物油	58克	檸檬汁（或白醋）		無糖可可粉b	8克
低筋麵粉	55克		½小匙	細砂糖b	15克
蛋黃（約5顆）	86克				

前置作業

01 準備28×28×3.5公分的方形烤模，並鋪上烘焙紙（或烘焙布）。

02 將低筋麵粉過篩，備用。

03 預熱烤箱至上火200°c、下火130°c。

可可蛋黃麵糊製作

04 取一小鐵鍋，倒入清水，煮至鍋邊開始冒小泡，約80°c，關火。
　↠ 若要精準，可用溫度計測量水溫。

05 加入無糖可可粉a，以刮刀拌勻。

06 加入植物油，拌至均勻乳化，為可可液體。
　↠ 建議使用方便取得且氣味淡的油，例如：玄米油、葡萄籽油、酪梨油，因此較不
　　建議使用花生油、芝麻油、橄欖油等氣味較強烈的油。

07 加入過篩後低筋麵粉。
　↠ 因製作過程非燙麵法，所以不建議沸騰時加入低筋麵粉；故可使用溫度計測量可
　　可液體的溫度，約45～50°c時，再加入低筋麵粉。

08 分2～3次加入蛋黃，須拌勻後，才可再加入，直至蛋黃用完。

09 如圖，可可蛋黃麵糊完成，呈現具有流動性，滴落後，摺痕1～2秒即消
　　失的狀態。
　↠ 若可可蛋黃麵糊此時太濃稠，在食材都秤對的狀況下，有可能是初期可可液體溫度
　　過高，加入麵粉時溫度沒確實測量，導致加入麵粉後，麵粉的吸水性增加所致。

蛋白霜製作

10 將冰蛋白倒入乾淨無水、無油的攪拌盆中後，加入檸檬汁，取手持電動攪
　　拌器，以中高速攪打至大氣泡出現後，加入⅓量的細砂糖a。
　↠ ❶以冰蛋白製作，可以讓蛋白霜呈現細緻光亮狀態。當蛋白溫度太高，蛋白霜會
　　呈現粗糙不具光亮感；❷檸檬汁可用白醋代替，以讓蛋白霜的狀態穩定。

11 以中高速攪打至蛋白出現細小泡泡，蛋白外觀略微膨脹，再加入⅓量的細砂糖a，繼續攪打。

12 以中高速攪打至出現紋路，此時外觀仍粗糙不細緻，加入最後⅓量的細砂糖a，繼續攪打。

13 以中高速攪打至蛋白霜外觀光亮細緻，攪拌頭提起時，尾端出現下垂的長彎鉤，再轉為低速攪打30秒，讓蛋白霜更加細緻，呈現濕性發泡狀態，完成蛋白霜製作。

　⋯ 製作生乳捲，蛋白須攪打至濕性發泡，有利蛋糕體捲起，較不易斷裂。

14 蛋白霜完成狀態為冰涼，外觀為潔白、光亮、細緻，非粗糙狀態。

15 取⅓量的蛋白霜，加入可可蛋黃麵糊中，以手持球型打蛋器拌勻。

16 將拌勻的可可蛋黃麵糊，再倒回剩餘的⅔蛋白霜中。

17 以刮刀拌勻，呈現光亮細緻，無氣泡的濃稠狀態，即完成麵糊。

　⋯ 若麵糊不斷冒出氣泡，即為消泡狀態，這狀態會影響成品的高度、外觀及口感。

18 將麵糊倒入方形烤模中。

19 以刮板將麵糊刮平後，放入烤箱中下層：

❶ 以上火200°c、下火130°c，烘烤10分鐘，至表面上色；

❷ 調整溫度為上火180°c、下火130°c，續烤7分鐘；

❸ 調整溫度為上火160°c、下火130°c，續烤8分鐘，至蛋糕體完全熟成。

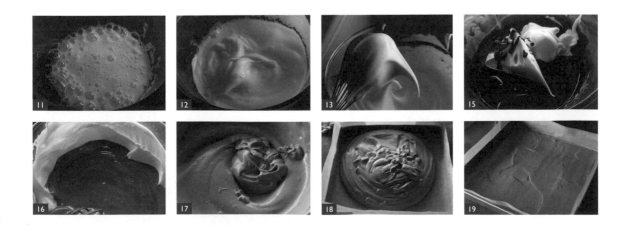

20 使用隔熱手套將方形烤模從烤箱裡取出後，將蛋糕體連同烘焙紙（或烘焙布）提高，並順勢離開方形烤模，撕開烘焙紙邊緣後，室溫放置全涼。

21 待涼時，須在蛋糕體表面鋪上烘焙紙（或烘焙布），以免蛋糕體因直接接觸室內空氣而變乾燥。

22 將動物性鮮奶油、馬斯卡彭乳酪、無糖可可粉b、細砂糖b放入500cc量杯中。
→ ❶動物性鮮奶油、馬斯卡彭乳酪須放置冰箱冷藏，製作時再取出使用；❷若馬斯卡彭乳酪不方便取得，可使用動物性鮮奶油取代，其他比例不變。

23 以手持電動攪拌器攪打至尾端直立，即完成可可奶油餡。
→ 因為500cc的量杯高聳，加上杯寬較適中，攪打面積不會過大，可更確實，且更快的將鮮奶油攪打均勻。

24 待蛋糕體涼後，將蛋糕體翻面，撕去烘焙紙（或烘焙布），準備抹上內餡。

25 以蛋糕刀直切靠近自己那側的蛋糕體邊緣，讓捲起面較美觀。

26 以蛋糕刀斜切（刀口朝外方向）離自己較遠那側的蛋糕體邊緣，捲起的收口處會較美觀。

27 以蛋糕刀刀背在蛋糕體表面，淺淺的劃上直線。
→ 這動作可讓蛋糕體更容易被捲起，但勿劃過深，過深的切口易使蛋糕體斷裂。

28 在蛋糕體表面，靠近自己那側，約距離5 ～ 7公分處，將可可奶油餡抹得高聳些，其他地方則均勻抹平。

29 捲起，放入冰箱冷藏30分鐘後，定型。

30 從冰箱取出可可生乳捲後，將可可生乳捲從烘焙紙中取出，即可切片享用。

12

抹茶生乳捲

暖心蛋糕 × 夾餡蛋糕

INGREDIENTS 使用材料

抹茶蛋黃麵糊	
植物油	45克
無糖抹茶粉a	8克
低筋麵粉	60克
溫全脂鮮奶（約40°c）	
	70克
蛋黃（約5顆）	86克

蛋白霜	
冰蛋白（約5顆）	168克
細砂糖a	70克
檸檬汁（或白醋）	
	½小匙

抹茶奶油餡	
動物性鮮奶油	150克
馬斯卡彭乳酪	50克
無糖抹茶粉b	6克
細砂糖b	25克

◆

‖ TIPS ‖

❀ 預防抹茶粉結塊，造成表面點點海苔狀的處理方式

像抹茶粉這麼細膩的粉末，非常容易產生靜電成團的狀態，所以在製作蛋糕捲的毛巾面時，很容易出現點點海苔狀的小團塊，以下提供4種解決方式：

❶ 與麵粉一起過篩。

❷ 抹茶蛋黃麵糊完成後，將抹茶蛋黃麵糊過一次篩。

❸ 抹茶粉先與部分熱水溶解。

❹ 取抹茶粉親油的特性，先過篩抹茶粉後，再與部分植物油拌勻。

STEP BY STEP 步驟說明

前置作業

01 準備28×28×3.5公分的方形烤模，並鋪上烘焙紙（或烘焙布）。

02 將低筋麵粉、無糖抹茶粉a、b分別過篩；全脂鮮奶加熱至約40°c，備用。

03 預熱烤箱至上火200°c、下火130°c。

抹茶蛋黃麵糊製作

04 將植物油，倒入攪拌盆中。

→ 建議使用方便取得且氣味淡的油，例如：玄米油、葡萄籽油、酪梨油，因此較不建議使用花生油、芝麻油、橄欖油等氣味較強烈的油。

05 加入過篩後無糖抹茶粉a。

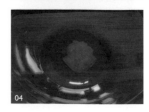

06 以手持球型打蛋器混拌均勻。

07 加入過篩後低筋麵粉。

08 加入約40˚c的溫全脂鮮奶，拌勻。

09 分2～3次加入蛋黃，須拌勻後，才可再加入，直至蛋黃用完。

10 如圖，抹茶蛋黃麵糊完成，呈現具有流動性，滴落後，摺痕1秒即消失的狀態。

11 將冰蛋白倒入乾淨無水、無油的攪拌盆中後，加入檸檬汁，取手持電動攪拌器，以中高速攪打至大氣泡出現後，加入⅓量的細砂糖a。

⋯ ❶以冰蛋白製作，可以讓蛋白霜呈現細緻光亮狀態。當蛋白溫度太高，蛋白霜會呈現粗糙不具光亮感；❷檸檬汁可用白醋代替，以讓蛋白霜的狀態穩定。

12 以中高速攪打至蛋白出現細小泡泡，蛋白外觀略微膨脹，再加入⅓量的細砂糖a，繼續攪打。

13 以中高速攪打至出現紋路，此時外觀仍粗糙不細緻，加入最後⅓量的細砂糖a，繼續攪打。

14 以中高速攪打至蛋白霜外觀光亮細緻，攪拌頭提起時，尾端出現下垂的長彎鉤，再轉為低速攪打30秒，讓蛋白霜更加細緻，呈現濕性發泡狀態，完成蛋白霜製作。

⋯ 製作生乳捲，蛋白須攪打至濕性發泡，有利蛋糕體捲起，較不易斷裂。

15 蛋白霜完成狀態為冰涼，外觀為潔白、光亮、細緻，非粗糙狀態。

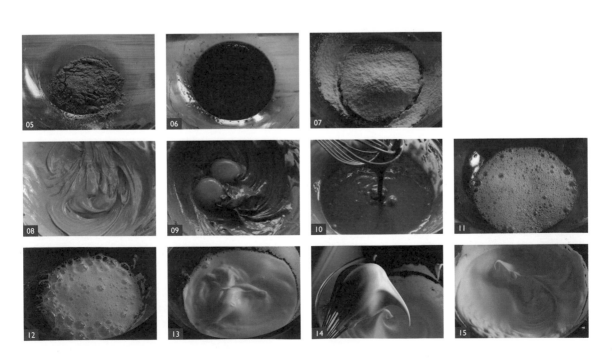

麵糊製作、烘烤

16 取 ⅓ 量的蛋白霜，加入抹茶蛋黃麵糊中，以手持球型打蛋器拌匀。

17 將拌匀的抹茶蛋黃麵糊，再倒回剩餘的 ⅔ 蛋白霜中。

18 以刮刀拌匀，呈現光亮細緻，無氣泡的濃稠狀態後，將麵糊倒入方形烤模中。

→ 若麵糊不斷冒出氣泡，即為消泡狀態，這狀態會影響成品的高度、外觀及口感。

19 以刮板將麵糊刮平。

20 放入烤箱中下層：

❶ 以上火200°c、下火130°c，烘烤10分鐘，至表面上色；

❷ 調整溫度為上火180°c、下火130°c，續烤7分鐘；

❸ 調整溫度為上火160°c、下火130°c，續烤8分鐘，至蛋糕體完全熟成。

21 使用隔熱手套將方形烤模從烤箱裡取出後，將蛋糕體連同烘焙紙（或烘焙布）提高，並順勢離開方形烤模，撕開烘焙紙邊緣後，室溫放置全涼。

22 待涼時，須在蛋糕體表面鋪上烘焙紙（或烘焙布），以免蛋糕體因直接接觸室內空氣而變乾燥。

抹茶奶油餡製作

23 將動物性鮮奶油、馬斯卡彭乳酪、過篩後的無糖抹茶粉b、細砂糖b放入500cc量杯中。

→ ❶動物性鮮奶油、馬斯卡彭乳酪須放置冰箱冷藏，製作時再取出使用；❷若馬斯卡彭乳酪不方便取得，可使用動物性鮮奶油取代，其他比例不變。

24 以手持電動攪拌器攪打至尾端直立，即完成抹茶奶油餡。

→ 因為500cc的量杯高聳，加上杯寬較適中，攪打面積不會過大，可更確實，且更快的將鮮奶油攪打均匀。

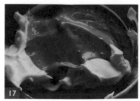

整形

25　待蛋糕體涼後，將蛋糕體翻面，撕去烘焙紙（或烘焙布），準備抹上內餡。

26　以蛋糕刀直切靠近自己那側的蛋糕體邊緣，讓捲起面較美觀。

27　以蛋糕刀斜切（刀口朝外方向）離自己較遠那側的蛋糕體邊緣，捲起的收口會較美觀。

28　以蛋糕刀刀背在蛋糕體表面，淺淺的劃上直線。

…　這動作可讓蛋糕體更容易被捲起，但勿劃過深，過深的切口易使蛋糕體斷裂。

29　在蛋糕體表面，靠近自己那側，約距離5～7公分處，將抹茶奶油餡抹得高聳些，其他地方則均勻抹平。

30　捲起，放入冰箱冷藏30分鐘後，定型。

31　從冰箱取出抹茶生乳捲後，將抹茶生乳捲從烘焙紙中取出，即可切片享用。

13

黑芝麻生乳捲

暖心蛋糕 × 夾餡蛋糕

芝麻蛋黃麵糊

植物油	50克
低筋麵粉	65克
溫水（約40˚c）	55克
無糖黑芝麻醬a	30克
蛋黃（約5顆）	71克

蛋白霜

冰蛋白（約5顆）	189克
細砂糖a	60克
檸檬汁（或白醋）	
	½小匙

芝麻奶油餡

動物性鮮奶油	100克
馬斯卡彭乳酪	50克
無糖黑芝麻醬b	25克
細砂糖b	15克

◆

‖ TIPS ‖

此製作使用油粉拌勻法，也稱後蛋法，選用有別以往先將蛋黃、油事先乳化拌勻的操作方式，改先將油與麵粉拌勻，讓麵粉表面被油脂包覆，阻斷麵粉產生筋性，就能讓麵粉不易出筋，口感也會更加輕盈。而因在之後加入液體食材，最後再加入蛋黃，所以又稱後蛋法。

STEP BY STEP 步驟說明

前置作業

01 準備28×28×3.5公分的方形烤模，並鋪上烘焙紙（或烘焙布）。

02 將低筋麵粉過篩，備用。

03 預熱烤箱至上火200˚c、下火130˚c。

芝麻蛋黃麵糊製作

04 將植物油，倒入攪拌盆中。
→ 建議使用方便取得且氣味淡的油，例如：玄米油、葡萄籽油、酪梨油，因此較不建議使用花生油、芝麻油、橄欖油等氣味較強烈的油。

05 加入過篩後低筋麵粉。

06 以手持球型打蛋器混拌均勻。

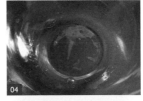
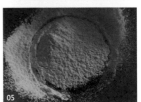
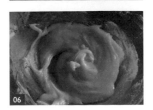

07 加入溫水拌勻後，再加入無糖黑芝麻醬a拌勻。

08 以手持球型打蛋器拌勻。

09 分2～3次加入蛋黃，須拌勻後，才可再加入，直至蛋黃用完。

10 如圖，芝麻蛋黃麵糊完成，呈現具有流動性，滴落後，摺痕1秒即消失的狀態。

11 將冰蛋白倒入乾淨無水、無油的攪拌盆中後，加入檸檬汁，取手持電動攪拌器，以中高速攪打至大氣泡出現後，加入⅓量的細砂糖a。

⋯➊以冰蛋白製作，可以讓蛋白霜呈現細緻光亮狀態。當蛋白溫度太高，蛋白霜會呈現粗糙不具光亮感；➋檸檬汁可用白醋代替，以讓蛋白霜的狀態穩定。

12 以中高速攪打至蛋白出現細小泡泡，蛋白外觀略微膨脹，再加入⅓量的細砂糖a，繼續攪打。

13 以中高速攪打至出現紋路，此時外觀仍粗糙不細緻，加入最後⅓量的細砂糖a，繼續攪打。

14 以中高速攪打至蛋白霜外觀光亮細緻，攪拌頭提起時，尾端出現下垂的長彎鉤，再轉為低速攪打30秒，讓蛋白霜更加細緻，呈現濕性發泡狀態，完成蛋白霜製作。

⋯ 製作生乳捲，蛋白須攪打至濕性發泡，有利蛋糕體捲起，較不易斷裂。

15 蛋白霜完成狀態為冰涼，外觀為潔白、光亮、細緻，非粗糙狀態。

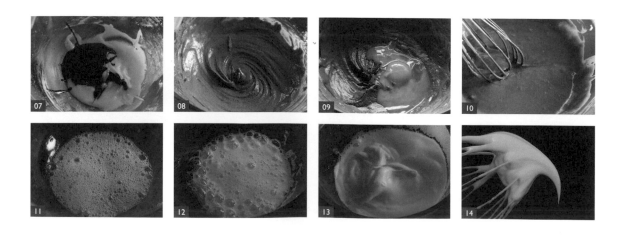

16 取⅓量的蛋白霜，加入芝麻蛋黃麵糊中，以手持球型打蛋器拌勻。

17 將拌勻的芝麻蛋黃麵糊，再倒回剩餘的⅔蛋白霜中。

18 以刮刀拌勻，呈現光亮細緻，無氣泡的濃稠狀態，即完成麵糊。

⋯ 若麵糊不斷冒出氣泡，即為消泡狀態，這狀態會影響成品的高度、外觀及口感。

19 將麵糊倒入方形烤模中。

20 以刮板將麵糊刮平後，放入烤箱中下層：

❶ 以上火200˚c、下火130˚c，烘烤10分鐘，至表面上色；

❷ 調整溫度為上火180˚c、下火130˚c，續烤7分鐘；

❸ 調整溫度為上火160˚c、下火130˚c，續烤8分鐘，至蛋糕體完全熟成。

21 使用隔熱手套將方形烤模從烤箱裡取出後，將蛋糕體連同烘焙紙（或烘焙布）提高，並順勢離開方形烤模，撕開烘焙紙邊緣後，室溫放置全涼。

22 待涼時，須在蛋糕體表面鋪上烘焙紙（或烘焙布），以免蛋糕體因直接接觸室內空氣而變乾燥。

23 將動物性鮮奶油、馬斯卡彭乳酪、無糖黑芝麻醬b、細砂糖b放入500cc量杯中。

⋯ ❶動物性鮮奶油、馬斯卡彭乳酪須放置冰箱冷藏，製作時再取出使用；❷若馬斯卡彭乳酪不方便取得，可使用動物性鮮奶油取代，其他比例不變。

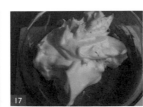
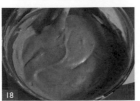
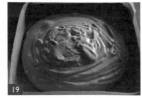

24 以手持電動攪拌器攪打至尾端直立，即完成芝麻奶油餡。

　⋯ 因為500cc的量杯高聳，加上杯寬較適中，攪打面積不會過大，可更確實，且更快的將鮮奶油攪打均勻。

25 待蛋糕體涼後，將蛋糕體翻面，撕去烘焙紙（或烘焙布），準備抹上內餡。

26 以蛋糕刀直切靠近自己那側的蛋糕體邊緣，讓捲起面較美觀。

27 以蛋糕刀斜切（刀口朝外方向）離自己較遠那側的蛋糕體邊緣，捲起的收口處會較美觀。

28 以蛋糕刀刀背在蛋糕體表面，淺淺的劃上直線。

　⋯ 這動作可讓蛋糕體更容易被捲起，但勿劃過深，過深的切口易使蛋糕體斷裂。

29 在蛋糕體表面，靠近自己那側，約距離5～7公分處，將芝麻奶油餡抹得高聳些，其他地方則均勻抹平。

30 捲起，放入冰箱冷藏30分鐘後，定型。

31 從冰箱取出芝麻生乳捲後，將芝麻生乳捲從烘焙紙中取出，即可切片享用。

14

咖啡生乳捲

暖心蛋糕 × 夾餡蛋糕

咖啡蛋黃麵糊	
濃縮咖啡粉	10克
滾水（約80˚c）	50克
植物油	45克
蜂蜜	15克
低筋麵粉	65克
蛋黃（約5顆）	90克

蛋白霜	
冰蛋白（約5顆）	170克
細砂糖	65克
檸檬汁（或白醋）	½小匙

咖啡奶油餡	
動物性鮮奶油	120克
馬斯卡彭乳酪	30克
上白糖	15克
咖啡酒	5克

STEP BY STEP 步驟說明

前置作業

01　準備28×28×3.5公分的方形烤模，並鋪上烘焙紙（或烘焙布）。

02　將低筋麵粉過篩，備用。

03　預熱烤箱至上火200˚c、下火130˚c。

咖啡蛋黃麵糊製作

04　將濃縮咖啡粉倒入攪拌盆或量杯中。

05　加入80˚c的滾水，攪拌至咖啡粉完全溶解，即完成咖啡液。

06　加入植物油。

　　→ 建議使用方便取得且氣味淡的油，例如：玄米油、葡萄籽油、酪梨油，因此較不
　　　建議使用花生油、芝麻油、橄欖油等氣味較強烈的油。

07　以手持球型打蛋器混拌均勻，使咖啡液與植物油均勻乳化。

08　加入蜂蜜，拌勻。

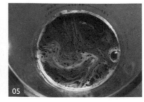

09　加入過篩後低筋麵粉，拌勻。

10　分2～3次加入蛋黃，須拌勻後，才可再加入，直至蛋黃用完。

11　如圖，咖啡蛋黃麵糊完成，呈現具有流動性，滴落後，摺痕1秒即消失的狀態。

12　將冰蛋白倒入乾淨無水、無油的攪拌盆中後，加入檸檬汁，取手持電動攪拌器，以中高速攪打至大氣泡出現後，加入⅓量的細砂糖。

　　┈ ❶以冰蛋白製作，可以讓蛋白霜呈現細緻光亮狀態。當蛋白溫度太高，蛋白霜會呈現粗糙不具光亮感；❷檸檬汁可用白醋代替，以讓蛋白霜的狀態穩定。

13　以中高速攪打至蛋白出現細小泡泡，蛋白外觀略微膨脹，再加入⅓量的細砂糖，繼續攪打。

14　以中高速攪打至出現紋路，此時外觀仍粗糙不細緻，加入最後⅓量的細砂糖，繼續攪打。

15　以中高速攪打至蛋白霜外觀光亮細緻，攪拌頭提起時，尾端出現下垂的長彎鉤，再轉為低速攪打30秒，讓蛋白霜更加細緻，呈現濕性發泡狀態，完成蛋白霜製作。

　　┈ 製作生乳捲，蛋白須攪打至濕性發泡，有利蛋糕體捲起，較不易斷裂。

16　蛋白霜完成狀態為冰涼，外觀為潔白、光亮、細緻，非粗糙狀態。

17　取⅓量的蛋白霜，加入咖啡蛋黃麵糊中，以手持球型打蛋器拌勻。

18　將拌勻的咖啡蛋黃麵糊，再倒回剩餘的⅔蛋白霜中。

19　以刮刀拌勻，呈現光亮細緻，無氣泡的濃稠狀態，即完成麵糊。

⋯ 若麵糊不斷冒出氣泡，即為消泡狀態，這狀態會影響成品的高度、外觀及口感。

20　將麵糊倒入方形烤模中。

21　以刮板將麵糊刮平。

22　放入烤箱中下層：

❶ 以上火200˚c、下火130˚c，烘烤10分鐘，至表面上色；

❷ 調整溫度為上火180˚c、下火130˚c，續烤7分鐘；

❸ 調整溫度為上火160˚c、下火130˚c，續烤8分鐘，至蛋糕體完全熟成。

23　使用隔熱手套將方形烤模從烤箱裡取出後，將蛋糕體連同烘焙紙（或烘焙布）提高，並順勢離開方形烤模，撕開烘焙紙邊緣後，室溫放置全涼。

24　待涼時，須在蛋糕體表面鋪上烘焙紙（或烘焙布），以免蛋糕體因直接接觸室內空氣而變乾燥。

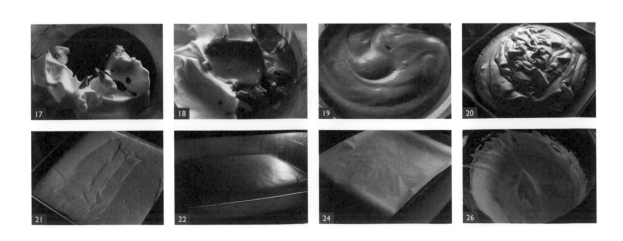

25　將動物性鮮奶油、馬斯卡彭乳酪、上白糖、咖啡酒放入500cc量杯中。

 … ❶動物性鮮奶油、馬斯卡彭乳酪須放置冰箱冷藏，製作時再取出使用；❷若馬斯
  卡彭乳酪不方便取得，可使用動物性鮮奶油取代，其他比例不變；❸咖啡酒為增
  加內餡風味使用，可依個人喜好自行增減。

26　以手持電動攪拌器攪打至尾端直立，即完成咖啡奶油餡。

 … 因為500cc的量杯高聳，加上杯寬較適中，攪打面積不會過大，可更確實，且更
  快的將鮮奶油攪打均勻。

27　待蛋糕體涼後，將蛋糕體翻面，撕去烘焙紙（或烘焙布），準備抹上內餡。

28　以蛋糕刀直切靠近自己那側的蛋糕體邊緣，讓捲起面較美觀。

29　以蛋糕刀斜切（刀口朝外方向）離自己較遠那側的蛋糕體邊緣，捲起的收
  口處會較美觀。

30　以蛋糕刀刀背在蛋糕體表面，淺淺的劃上直線。

 … 這動作可讓蛋糕體更容易被捲起，但勿劃過深，過深的切口易使蛋糕體斷裂。

31　在蛋糕體表面，靠近自己那側，約距離5 ～ 7公分處，將咖啡奶油餡抹得
  高聳些，其他地方則均勻抹平。

32　捲起，放入冰箱冷藏30分鐘後，定型。

33　從冰箱取出咖啡生乳捲後，將咖啡生乳捲從烘焙紙中取出，即可切片享用。

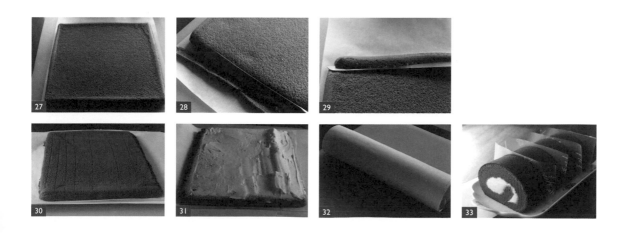

15

肉鬆蛋糕捲

暖心蛋糕 × 夾餡蛋糕

INGREDIENTS 使用材料

蛋黃麵糊

植物油	50克
低筋麵粉	70克
常溫水	55克
蛋黃（約5顆）	91克

蛋白霜

冰蛋白（約5顆）	175克
細砂糖	60克
食鹽	1克
檸檬汁（或白醋）	½小匙

裝飾

青蔥（切蔥花）	30克
白芝麻	1～2小茶匙

內餡

肉鬆	30克
美乃滋	適量

前置作業

01　準備28×28×3.5公分的方形烤模，並鋪上烘焙紙（或烘焙布）。

02　將低筋麵粉過篩；將青蔥切成蔥花；食鹽與細砂糖混拌均勻，為砂糖鹽，
　　備用。

03　預熱烤箱至上火200˚c、下火130˚c。

蛋黃麵糊製作

04　將植物油，倒入攪拌盆中。

　⋯ 建議使用方便取得且氣味淡的油，例如：玄米油、葡萄籽油、酪梨油，因此較不
　　建議使用花生油、芝麻油、橄欖油等氣味較強烈的油。

05　加入過篩後低筋麵粉。

06　以手持球型打蛋器混拌均勻。

07　加入常溫水。

08　以手持球型打蛋器拌勻。

09　分2～3次加入蛋黃，須拌勻後，才可再加入，直至蛋黃用完。

10　如圖，蛋黃麵糊完成，呈現具有流動性，滴落後，摺痕1秒即消失的狀態。

蛋白霜製作

11　將冰蛋白倒入乾淨無水、無油的攪拌盆中後，加入檸檬汁，取手持電動攪
　　拌器，以中高速攪打至大氣泡出現後，加入⅓量的砂糖鹽。

　⋯ ❶以冰蛋白製作，可以讓蛋白霜呈現細緻光亮狀態。當蛋白溫度太高，蛋白霜會
　　呈現粗糙不具光亮感；❷檸檬汁可用白醋代替，以讓蛋白霜的狀態穩定。

12 以中高速攪打至蛋白出現細小泡泡，蛋白外觀略微膨脹，再加入⅓量的砂糖鹽，繼續攪打。

13 以中高速攪打至出現紋路，此時外觀仍粗糙不細緻，加入最後⅓量的砂糖鹽，繼續攪打。

14 以中高速攪打至蛋白霜外觀光亮細緻，攪拌頭提起時，尾端出現下垂的長彎鉤，再轉為低速攪打30秒，讓蛋白霜更加細緻，呈現濕性發泡狀態，完成蛋白霜製作。

⟶ 製作蛋糕捲，蛋白須攪打至濕性發泡，有利蛋糕體捲起，較不易斷裂。

15 蛋白霜完成狀態為冰涼，外觀為潔白、光亮、細緻，非粗糙狀態。

16 取⅓量的蛋白霜，加入蛋黃麵糊中，以手持球型打蛋器拌勻。

17 將拌勻的蛋黃麵糊，再倒回剩餘的⅔蛋白霜中。

18 以刮刀拌勻，呈現光亮細緻，無氣泡的濃稠狀態，即完成麵糊。

⟶ 若麵糊不斷冒出氣泡，即為消泡狀態，這狀態會影響成品的高度、外觀及口感。

19 將麵糊倒入方形烤模中。

20 以刮板將麵糊刮平。

21 在麵糊表面放上白芝麻、蔥花。

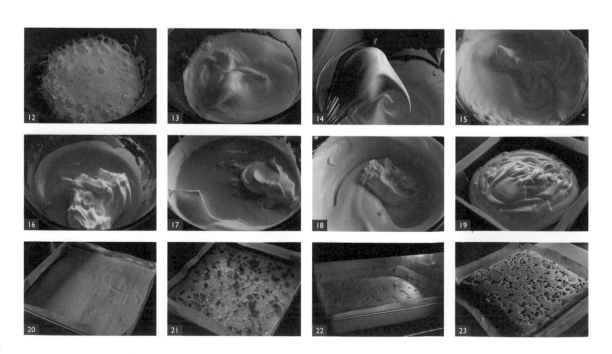

22　放入烤箱中下層：

　　❶ 以上火200˚c、下火130˚c，烘烤10分鐘，至表面上色；

　　❷ 調整溫度為上火180˚c、下火130˚c，續烤7分鐘；

　　❸ 調整溫度為上火160˚c、下火130˚c，續烤8分鐘，至蛋糕體完全熟成。

23　使用隔熱手套將方形烤模從烤箱裡取出後，將蛋糕體連同烘焙紙（或烘焙布）提高，並順勢離開方形烤模，撕開烘焙紙邊緣後，室溫放置全涼。

24　待涼時，須在蛋糕體表面鋪上烘焙紙（或烘焙布），以免蛋糕體因直接接觸室內空氣而變乾燥。

25　待蛋糕體涼後，將蛋糕體翻面，撕去烘焙紙（或烘焙布），準備抹上內餡。

26　以蛋糕刀直切靠近自己那側的蛋糕體邊緣，讓捲起面較美觀。

27　以蛋糕刀斜切（刀口朝外方向）離自己較遠那側的蛋糕體邊緣，捲起的收口處會較美觀。

28　以蛋糕刀刀背在蛋糕體表面，淺淺的劃上直線。

　　⋯ 這動作可讓蛋糕體更容易被捲起，但勿劃過深，過深的切口易使蛋糕體斷裂。

29　在蛋糕體表面抹上美乃滋後，再放上肉鬆。

　　⋯ 抹上美乃滋能幫助肉鬆沾黏；可依個人喜好調整美乃滋用量。

30　捲起，放置室溫30分鐘，定型。

31　將蛋糕捲從烘焙紙中取出，即完成肉鬆蛋糕捲。

32　可將肉鬆蛋糕捲切片享用。

16

虎皮蛋糕捲

暖心蛋糕 × 夾餡蛋糕

INGREDIENTS 使用材料

蛋黃麵糊

植物油	50克
低筋麵粉	70克
全脂鮮奶	55克
蛋黃a（約5顆）	93克

奶油霜

無鹽奶油（室溫軟化）	100克
糖粉	30克
動物性鮮奶油	225克

蛋白霜

冰蛋白（約5顆）	166克
細砂糖a	60克
檸檬汁（或白醋）	½小匙

虎皮麵糊

蛋黃b（約8顆）	144克
細砂糖b	35克
玉米粉	18克

STEP BY STEP 步驟說明

STAGE 01 / 蛋糕捲製作

前置作業

01 準備28×28×3.5公分的方形烤模，並鋪上烘焙紙（或烘焙布）。

02 將低筋麵粉過篩；無鹽奶油放置室溫軟化；動物性鮮奶油放置室溫回溫，約25˚c，備用。

03 預熱烤箱至上火200˚c、下火130˚c。

蛋黃麵糊製作

04 將植物油，倒入攪拌盆中。

→ 建議使用方便取得且氣味淡的油，例如：玄米油、葡萄籽油、酪梨油，因此較不建議使用花生油、芝麻油、橄欖油等氣味較強烈的油。

05 加入過篩後低筋麵粉。

06 以手持球型打蛋器混拌均勻。

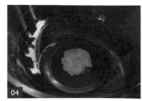
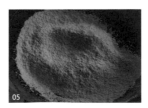
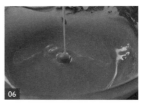

07 加入全脂鮮奶。

08 以手持球型打蛋器混拌均勻。

09 分2～3次加入蛋黃，須拌勻後，才可再加入，直至蛋黃用完。

10 如圖，蛋黃麵糊完成，呈現具有流動性，滴落後，摺痕1秒即消失的狀態。

11 將冰蛋白倒入乾淨無水、無油的攪拌盆中後，加入檸檬汁，取手持電動攪拌器，以中高速攪打至大氣泡出現後，加入⅓量的細砂糖a。
→ ❶以冰蛋白製作，可以讓蛋白霜呈現細緻光亮狀態。當蛋白溫度太高，蛋白霜會呈現粗糙不具光亮感；❷檸檬汁可用白醋代替，以讓蛋白霜的狀態穩定。

12 以中高速攪打至蛋白出現細小泡泡，蛋白外觀略微膨脹，再加入⅓量的細砂糖a，繼續攪打。

13 以中高速攪打至出現紋路，此時外觀仍粗糙不細緻，加入最後⅓量的細砂糖a，繼續攪打。

14 以中高速攪打至蛋白霜外觀光亮細緻，攪拌頭提起時，尾端出現下垂的長彎鉤，再轉為低速攪打30秒，讓蛋白霜更加細緻，呈現濕性發泡狀態，完成蛋白霜製作。
→ 製作蛋糕捲，蛋白須攪打至濕性發泡，有利蛋糕體捲起，較不易斷裂。

15 蛋白霜完成狀態為冰涼，外觀為潔白、光亮、細緻，非粗糙狀態。

16 取⅓量的蛋白霜，加入蛋黃麵糊中，以手持球型打蛋器拌勻。

17 將拌勻的蛋黃麵糊，再倒回剩餘的⅔蛋白霜中。

18 以刮刀拌勻，呈現光亮細緻，無氣泡的濃稠狀態，即完成麵糊。
→ 若麵糊不斷冒出氣泡，即為消泡狀態，這狀態會影響成品的高度、外觀及口感。

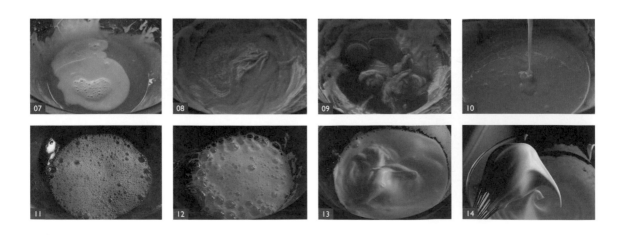

19 　將麵糊倒入方形烤模中。

20 　以刮板將麵糊刮平。

21 　放入烤箱中下層：

❶ 以上火200˚c、下火130˚c，烘烤10分鐘，至表面上色；

❷ 調整溫度為上火180˚c、下火130˚c，續烤7分鐘；

❸ 調整溫度為上火160˚c、下火130˚c，續烤8分鐘，至蛋糕體完全熟成。

22 　使用隔熱手套將方形烤模從烤箱裡取出後，將蛋糕體連同烘焙紙（或烘焙布）提高，並順勢離開方形烤模，撕開烘焙紙邊緣後，室溫放置全涼。

23 　待涼時，須在蛋糕體表面鋪上烘焙紙（或烘焙布），以免蛋糕體因直接接觸室內空氣而變乾燥。

24 　將室溫軟化的無鹽奶油、糖粉放入500cc量杯中。

⋯ ❶無鹽奶油軟化狀態為，外觀依舊成形，但手指壓下，可輕鬆留下指痕；❷一般動物性鮮奶油攪打須在冰涼狀態，但這款奶油霜，因與無鹽奶油一起攪打，故為避免油水分離，兩樣食材須在同樣的室溫狀態下，才可以操作；❸這款奶油霜可作為內餡、夾層、擠花使用。

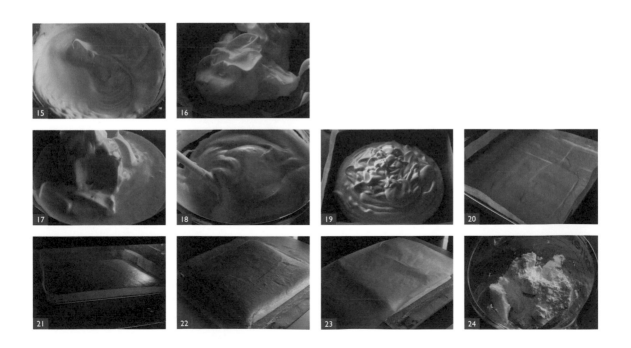

奶油霜製作

25 以手持電動攪拌器攪打至泛白狀態。

26 分3～4次加入回溫至25˚c的動物性鮮奶油,攪打至鮮奶油被吸收。
⋯ 動物性鮮奶油須分多次加入,才可避免油水分離,切勿一次加入。

27 持續分次加入動物性鮮奶油,直到動物性鮮奶油用完。

28 奶油霜攪拌完成,呈現絲滑細緻的狀態。
⋯ 若呈現小顆粒或硬團塊,底部有一灘乳水的狀態,為油水分離。

29 如圖,奶油霜製作完成。

整形

30 待蛋糕體涼後,將蛋糕體翻面,撕去烘焙紙(或烘焙布),準備抹上內餡。

31 以蛋糕刀直切靠近自己那側的蛋糕體邊緣,讓捲起面較美觀。

32 以蛋糕刀斜切(刀口朝外方向)離自己較遠那側的蛋糕體邊緣,捲起的收口會較美觀。

33 以蛋糕刀刀背在蛋糕體表面,淺淺的劃上直線。
⋯ 這動作可讓蛋糕體更容易被捲起,但勿劃過深,過深的切口易使蛋糕體斷裂。

34 在蛋糕體表面均勻抹上奶油霜,約200～210克。

35 捲起,放入冰箱冷藏30分鐘後,定型。

36 從冰箱取出蛋糕捲後,將蛋糕捲從烘焙紙中取出,放入保鮮盒中,冷藏備用。

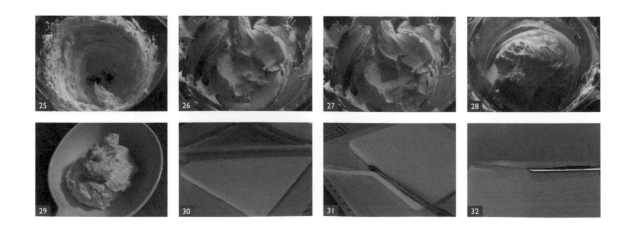

前置作業

37　預熱烤箱至上火210°c、下火170°c。

38　準備28×28×3.5公分的方形烤模，並鋪上烘焙紙（或烘焙布）。

39　將玉米粉過篩，備用。

虎皮麵糊製作

40　將蛋黃b、細砂糖b放入500cc量杯中。
　　→ 虎皮可以在步驟35完成時開始製作。

41　以手持電動攪拌器攪打至細砂糖b溶解。

42　取手持電動攪拌器，以中高速攪打至滴落後能清楚畫線，不易消失的狀態。

43　加入過篩後玉米粉。

44　以刮刀混拌均勻，為虎皮麵糊。

45　將虎皮麵糊倒入方形烤模中。

46　以刮板將虎皮麵糊刮平。

烘烤

47　放入烤箱，以上火210°c、下火170°c，烘烤8分鐘，直至表面出現虎皮紋路後，立刻出爐。
　　→ 虎皮紋路須稍高的爐溫，所以須充分預熱烤箱。

48　使用隔熱手套將方形烤模從烤箱裡取出後，將虎皮蛋糕連同烘焙紙（或烘焙布）提高，並順勢離開方形烤模，撕開烘焙紙邊緣後，室溫放置全涼。

49　待涼時，須在虎皮蛋糕表面鋪上烘焙紙（或烘焙布），以免虎皮蛋糕因直接接觸室內空氣而變乾燥。

STAGE 03 ╱ 組合

50　待虎皮蛋糕涼後，翻面，並撕下虎皮蛋糕的烘焙紙（或烘焙布），再將虎皮蛋糕移至另一張烘焙紙（或烘焙布）上。

51　在虎皮蛋糕表面均勻抹上奶油霜，約100 ～ 110克。

52　取出蛋糕捲。

53　將蛋糕捲收口朝上，置於虎皮蛋糕中間。

54　用手抓住烘焙紙左右兩端，並將虎皮蛋糕完整包覆蛋糕捲。

55　將虎皮蛋糕的收口朝下後，捲起，放入冰箱冷藏30分鐘，定型。

56　從冰箱取出蛋糕捲後，將蛋糕捲從烘焙紙中取出，即完成虎皮蛋糕。

57　可將虎皮蛋糕切片享用。

CHAPTER 03

經典
中式點心

TRADITIONAL CHINESE DESSERT

蛋黃酥

經典中式點心

INGREDIENTS 使用材料

此配方可製作 14 顆

油皮（約15克/個）

中筋麵粉	110克
豬油a	44克
細砂糖a	18克
清水	50克

油酥（約13克/個）

低筋麵粉	130克
豬油b	65克

紅豆餡

紅豆	150克
黑糖	30克
細砂糖b	40克
水麥芽	30克
植物油	40克

內餡（須準備14份）

紅豆餡	30克
鹹蛋黃	1顆（約13～15克/顆）

裝飾

蛋黃	2顆
黑芝麻	適量

前置作業

01 預熱烤箱至上火、下火180°c。

02 在烤盤上鋪上烘焙紙（或烘焙布）。

03 將蛋黃仔細過篩，備用。
⤷ 可在第一階段烘烤時準備。

紅豆餡製作

04 將紅豆洗淨後，以清水蓋滿生紅豆，浸泡至隔夜後，先將紅豆水瀝乾淨，再放入壓力鍋或電鍋中煮至軟。

05 將煮軟的紅豆放入果汁機或食物調理機中，攪打至絲滑狀態，為紅豆泥。
⤷ 紅豆泥是否帶顆粒，可依個人喜好自行決定。

06 將紅豆泥、黑糖、細砂糖b放入不沾炒鍋中，翻炒均勻。
⤷ 加入黑糖能增加紅豆餡風味。

07 翻炒至糖類被吸收後，加入水麥芽（glucose syrup），繼續翻炒均勻。
⤷ 加入水麥芽能讓內餡有軟糯感，也較好凝聚成團，若無可用一般麥芽代替。

08 翻炒均勻後，加入植物油。
⤷ ❶ 建議使用方便取得且氣味淡的油，例如：玄米油、葡萄籽油、酪梨油，因此較不建議使用花生油、芝麻油、橄欖油等氣味較強烈的油；❷ 使用植物油，而不用奶油，一方面是為了凸顯紅豆本身的香氣；另一方面，在冷藏或低溫時不易變硬。

09 翻炒至所有材料都不沾黏鍋子，且成團狀態。

10 如圖，紅豆餡完成。

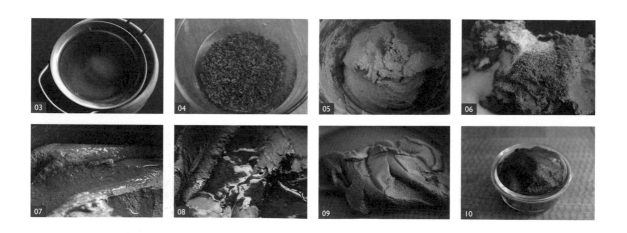

11 將鹹蛋黃洗淨後，在表面噴上米酒，並放入180°c的烤箱，烘烤5 ～ 6分鐘。

12 烤至鹹蛋黃表面出現微量小泡泡，即可取出烤箱。

→ 烘烤時間為參考值，須烤至開始出現小泡泡即可出爐，切勿將鹹蛋黃烤至泡泡大量釋出，甚至變成白色外觀，即烘烤過頭，會使後續製作出的蛋黃酥，因油脂釋出，鹹蛋黃變得不夠油潤綿鬆。

13 取30克紅豆餡，包入1顆鹹蛋黃（約13 ～ 15克），並將鹹蛋黃底部露出，不用全部包覆。

→ 因可知道鹹蛋黃底部在哪一面，包的時候及成品切開時，就能清楚知道鹹蛋黃上下兩面的位置。

14 重複步驟13，依序完成其他內餡製作。

15 將中筋麵粉、豬油a、細砂糖a、清水倒入攪拌盆中，利用桌上型攪拌機，以中低速拌至外觀光滑。

→ 因每家麵粉的吸水性不同，所以水量可以事先保留10 ～ 20cc，觀察麵團的狀態再決定是否要加入，油皮建議軟度為，比耳垂再軟一點即可。

16 確認狀態攪打至可拉長具有延展性，但撐出的薄膜尚未具有光亮感，帶點粗糙感後，將麵團確實密封，靜置至少30分鐘。

→ ❶因麵團攪拌（揉製）時間過久，溫度會升高，有可能會導致麵團中的油量釋出，反而影響製作與口感，所以須利用時間去鬆弛，讓麵筋自行生成；❷若室溫高，可以冷藏鬆弛，但須確實密封。

17 30分鐘後，檢視麵團狀態，須為光滑細緻、更具延展性的薄膜；若還未到達此狀態，須繼續密封鬆弛。

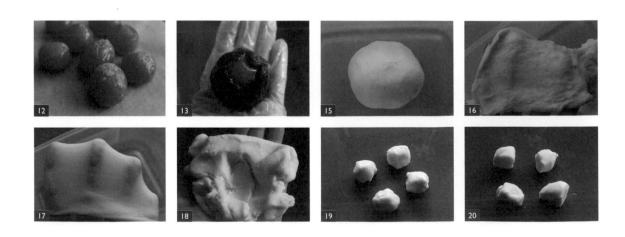

18　將低筋麵粉、豬油b倒入攪拌盆中，以刮板拌勻。
　　⤳ 若製作出的油酥太軟黏，可能是室溫或手溫太高，可冷藏備用。

19　將油皮分割成14份，每份15克。

20　將油酥分割成14份，每份13克。

21　取油皮、油酥各1份。
　　⤳ 油皮、油酥要在一樣的軟度下，才可開始製作。

22　將油皮壓平後，以油皮包覆油酥。
　　⤳ 須用油皮包油酥，用具有延展性的油皮，包上鬆如黏土的油酥，才是正確的，切
　　　勿包反。

23　將油皮的開口，由外向內慢慢收合。

24　將收口朝上，用掌心壓扁油皮油酥。

25　以擀麵棍將油皮油酥上下擀長。

26　由上往下捲成長條形，第一次捲擀完成。

27　重複步驟21-26，依序將其他油皮、油酥捲成長條形後，鬆弛10分鐘。
　　⤳ 鬆弛時須密封保存或蓋上塑膠袋，以防止乾燥。

28　取一份完成第一次捲擀的油皮油酥，並將收口朝上。

29　用掌心壓扁油皮油酥。

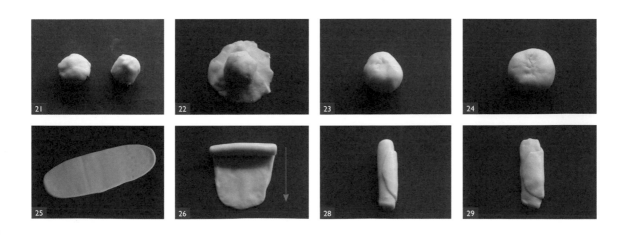

30 　以擀麵棍將油皮油酥上下擀長。

　　⋯ 擀油皮油酥時，只須輕柔擀開即可。若有適度鬆弛油皮，在此步驟就能輕鬆擀開；
　　　若有回彈狀態，則代表鬆弛不夠。

31 　由上往下捲成長條形，第二次捲擀完成。

32 　重複步驟28-31，依序將其他油皮油酥捲成長條形後，鬆弛10分鐘。

33 　取一份已鬆弛好的油皮油酥，並將收口朝上。

34 　用指腹在油皮油酥中間輕按出凹洞。

35 　承步驟34，上下捏合。

36 　如圖，餅團完成。

37 　以擀麵棍將餅團擀開，在中間放上內餡。

38 　用虎口將餅皮向上推，以包覆內餡。

39 　用右手大拇指為輔助，將內餡往內按壓，左手邊收口。

　　⋯ 右手大拇指須按壓內餡邊緣，將多餘空氣壓出，讓內餡與餅皮能越貼合。

40 　如圖，餅皮收口完成，底部呈現光滑平整貌，即完成蛋黃酥。

41 　確認表面無破損撕裂狀態後，重複步驟33-40，依序將其他餅團的內餡包
　　覆完成。

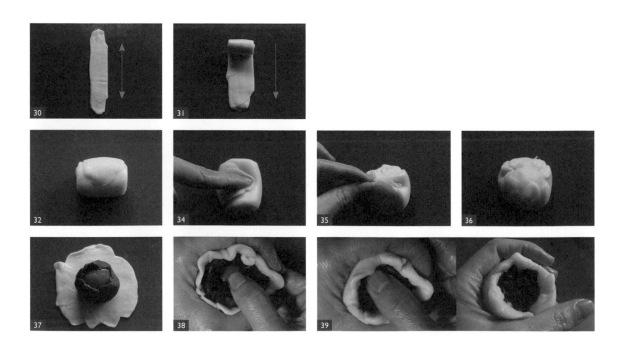

42　將蛋黃酥放上烤盤後，放入烤箱，以上火、下火180˚c，烘烤25分鐘，完成第一階段的烘烤。

43　使用隔熱手套將烤盤取出，蛋黃酥約8分熟，表面已膨脹呈現蓬鬆感。

44　在蛋黃酥表面刷上蛋黃液。

45　承步驟44，再刷第二遍蛋黃液後，在表面撒上黑芝麻裝飾，再放入烤箱，以上火、下火180˚c，續烤10分鐘，進入第二階段的烘烤。

46　烘烤至用手輕壓蛋黃酥側邊不凹陷，並檢視底部為金黃色後，即可使用隔熱手套將蛋黃酥從烤箱中取出、享用。

47　出爐後，因仍為高溫狀態，加上表面還有充分的油脂，所以若要表面更為晶亮，可拿乾淨的毛刷，輕刷表面，蛋黃酥就會呈現油亮、誘人的視覺感。

||| TIPS |||

關於表面刷蛋黃液，有兩種方法，

❶ **兩段爐溫，後段才刷上蛋黃液：**運用此方式，表面蛋黃液的上色狀況、完整度，會較好控制，表面較不會出現裂紋。

❷ **放入烤箱前，就刷上蛋黃液，並撒上黑芝麻：**運用此方式，因受熱膨脹，在體積變大時，會撐開表面，造成裂紋，成品會產生龜殼狀花紋，這點要視個人喜好斟酌。

綠豆椪

經典中式點心

油皮（約18克/個）

中筋麵粉	110克
糖粉	13克
豬油a	40克
清水	50克

油酥（約13克/個）

低筋麵粉	100克
豬油b	50克

綠豆餡

去皮綠豆仁	300克
動物性鮮奶油	100克
煉乳	50克
細砂糖a	90克

水麥芽	50克
植物油	70克

肉燥餡

食用油	適量
豬絞肉	100克
油蔥酥	4大匙
細砂糖b	1小匙
日式醬油	1大匙
台式醬油	1～2小匙
白芝麻	1～2大匙

內餡（須準備10份）

肉燥餡	10克
綠豆餡	25克

STEP BY STEP 步驟說明

前置作業

01 預熱烤箱至上火160°c、下火180°c。

02 在烤盤鋪上烘焙紙（或烘焙布）。

綠豆餡製作

03 將去皮綠豆仁洗淨後，浸泡至隔夜。

04 將綠豆仁水瀝乾淨後，放入壓力鍋或電鍋中煮至軟，直至用手能輕鬆壓碎的軟度。

05 將煮軟的去皮綠豆仁、動物性鮮奶油、煉乳，放入果汁機或食物調理機中攪打至絲滑，為綠豆泥。

06 將綠豆泥、細砂糖a放入不沾炒鍋中，翻炒均勻。

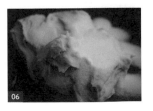

07　翻炒至細砂糖a被吸收後，加入水麥芽（glucose syrup），繼續翻炒均勻。

→ 加入水麥芽能讓內餡有軟糯感，也較好凝聚成團，若無可用一般麥芽代替。

08　翻炒均勻後，加入植物油。

→ ❶建議使用方便取得且氣味淡的油，例如：玄米油、葡萄籽油、酪梨油，因此較不建議使用花生油、芝麻油、橄欖油等氣味較強烈的油；❷使用植物油，而不用奶油，一方面是為了凸顯綠豆本身的香氣；另一方面，在冷藏或低溫時不易變硬。

09　翻炒至所有材料都不沾黏鍋子，且成團狀態。

10　如圖，綠豆餡完成。

11　取一炒鍋，在鍋中放入少許食用油，加入豬絞肉，翻炒至豬絞肉變白，油脂釋出，略收乾狀態。

→ 豬絞肉的肥瘦比例，可依個人喜好選擇，一般傳統綠豆椪的豬絞肉，肥肉比例會高於瘦肉。若肥肉比例高，鍋中則不用再加入油，熱鍋後，可直接放入豬絞肉拌炒。

12　加入油蔥酥，翻炒至油蔥酥釋出香氣。

13　加入細砂糖b、日式醬油、台式醬油，翻炒至豬絞肉均勻上色，醬油的香氣完全釋放。

→ 使用兩種醬油，能使味道更豐富。

14　加入白芝麻，翻炒均勻。

→ 白芝麻加入的量，可依個人喜好調整。

15　如圖，肉燥餡製作完成，須放至全涼再使用。

內餡製作

16　取25克綠豆餡放在掌心，並在中央用拇指壓出凹洞。

17　在凹洞中放入10克肉燥餡。

18　仔細收口，即完成內餡組合，備用。

19　重複步驟16-18，依序完成其他內餡製作。

油皮製作

20　將中筋麵粉、糖粉、豬油a、清水倒入攪拌盆中，利用桌上型攪拌機，以中低速拌至外觀光滑。

  → 因每家麵粉的吸水性不同，所以水量可以事先保留10～20cc，觀察麵團的狀態再決定是否要加入，油皮建議軟度為，比耳垂再軟一點即可。

21　確認狀態攪打至可拉長具有延展性，但撐出的薄膜尚未具有光亮感，帶點粗糙感後，將麵團確實密封，靜置至少30分鐘。

  → ❶因麵團攪拌（揉製）時間過久，溫度會升高，有可能會導致麵團中的油量釋出，反而影響製作與口感，所以須利用時間去鬆弛，讓麵筋自行生成；❷若室溫高，可以冷藏鬆弛，但須確實密封。

22　30分鐘後，檢視麵團狀態，須為光滑細緻、更具延展性的薄膜；若還未到達此狀態，須繼續密封鬆弛。

油酥製作

23　將低筋麵粉、豬油b倒入攪拌盆中，以刮板拌勻。

  → 若製作出的油酥太軟黏，可能是室溫或手溫太高，可冷藏備用。

餅皮捲擀

24　將油皮分割成10份，每份18克。

25　將油酥分割成10份，每份13克。

26 取油皮、油酥各1份。

⋯ 油皮、油酥要在一樣的軟度下,才可開始製作。

27 將油皮壓平後,以油皮包覆油酥。

⋯ 須用油皮包油酥,用具有延展性的油皮,包上鬆如黏土的油酥,才是正確的,切勿包反。

28 將油皮的開口,由外向內慢慢收合。

29 將收口朝上,用掌心壓扁油皮油酥。

30 以擀麵棍將油皮油酥上下擀長。

31 由上往下捲成長條形,第一次捲擀完成。

32 重複步驟26-31,依序將其他油皮、油酥捲成長條形後,鬆弛10分鐘。

⋯ 鬆弛時須密封保存或蓋上塑膠袋,以防止乾燥。

33 取一份完成第一次捲擀的油皮油酥,並將收口朝上。

34 用掌心壓扁油皮油酥。

35 以擀麵棍將油皮油酥上下擀長。

⋯ 擀油皮油酥時,只須輕柔擀開即可。若有適度鬆弛油皮,在此步驟就能輕鬆擀開;若有回彈狀態,則代表鬆弛不夠。

36 由上往下捲成長條形,第二次捲擀完成。

37 重複步驟33-36,依序將其他油皮油酥捲成長條形後,鬆弛10分鐘。

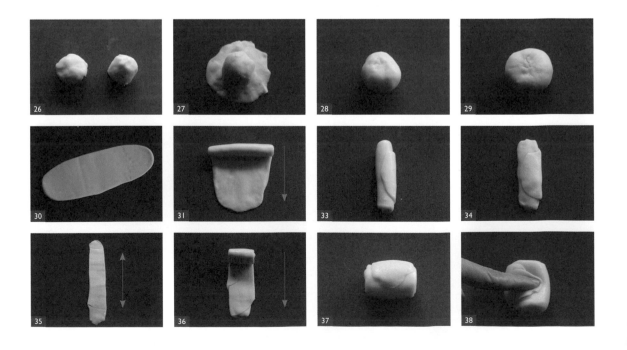

38　取一份已鬆弛好的油皮油酥，並將收口朝上後，用指腹在油皮油酥中間輕按出凹洞。

39　承步驟38，上下捏合。

40　如圖，餅團完成。

41　以擀麵棍將餅團擀開成圓後，在中間放上內餡。

42　將餅皮和內餡放在虎口後，用右手大拇指為輔助，將內餡往內按壓，左手邊收口。
　　┄ 右手大拇指須按壓內餡邊緣，將多餘空氣壓出，讓內餡與餅皮能越貼合。

43　如圖，餅皮收口完成，底部呈現光滑平整貌，即完成綠豆椪。

44　確認表面無破損撕裂狀態後，重複步驟38-43，依序將其他餅團的內餡包覆完成。

45　用指腹輕壓綠豆椪中間，呈現稍微扁平狀態。

46　若家中有月餅印章，可在綠豆椪中間蓋上印章作為裝飾。
　　┄ 若無印章，可取筷子沾紅色食用色粉或紅麴粉（事先加水調好），在綠豆椪中間，
　　　點上圓點作為裝飾。

47　將綠豆椪放上烤盤後，放入烤箱，以上火160˚c、下火180˚c，烘烤38 ～ 40分鐘，至手輕壓綠豆椪側邊不凹陷，並檢視底部為金黃色，即可使用隔熱手套將綠豆椪從烤箱中取出、享用。

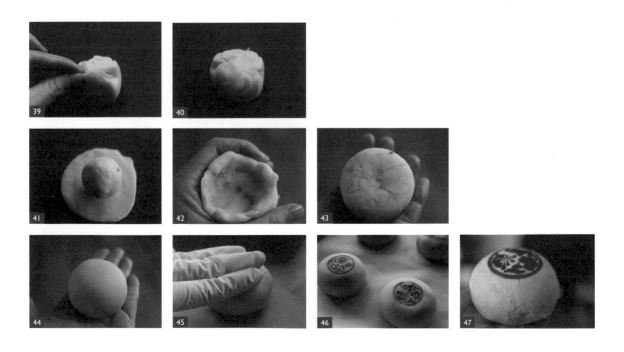

芋頭酥

經典中式點心

Ingredients 使用材料

此配方可製作 14 顆

油皮

中筋麵粉	130克
豬油a	50克
糖粉	18克
清水	60克

油酥

低筋麵粉	110克
豬油b	55克
紫薯粉	10克

芋薯餡

芋頭	420克
紫薯（紫地瓜）	160克
動物性鮮奶油	50克
全脂奶粉	30克
細砂糖	80 ～ 100克
水麥芽	20克
植物油	30克

內餡（須準備14份）

芋薯餡	25克
鹹蛋黃	1顆
（約13 ～ 15克/顆）	

前置作業

01 預熱烤箱至上火、下火170℃。

02 在烤盤鋪上烘焙紙（或烘焙布）。

芋薯餡製作

03 將芋頭和紫薯去皮、切塊後，用電鍋蒸軟，蒸至筷子能輕鬆穿透芋頭的狀態，即可取出。
⋯ 加入紫薯，可增添內餡顏色。

04 將煮軟的芋頭和紫薯、動物性鮮奶油放入果汁機或食物調理機。

05 承步驟4，攪打至絲滑狀態，為芋頭紫薯泥。

06 將芋頭紫薯泥、全脂奶粉、細砂糖放入不沾炒鍋中，翻炒均勻。

07 翻炒至糖、粉類被吸收後，加入水麥芽（glucose syrup），繼續翻炒均勻。
⋯ 加入水麥芽能讓內餡有軟糯感，也較好凝聚成團，若無可用一般麥芽代替。

08 翻炒均勻後，加入植物油。
⋯ ❶建議使用方便取得且氣味淡的油，例如：玄米油、葡萄籽油、酪梨油，因此較不建議使用花生油、芝麻油、橄欖油等氣味較強烈的油；❷使用植物油，而不用奶油，一方面是為了凸顯芋頭本身的香氣；另一方面，在冷藏或低溫時不易變硬。

09 翻炒至所有材料都不沾黏鍋子，且成團狀態，即完成芋薯餡製作。

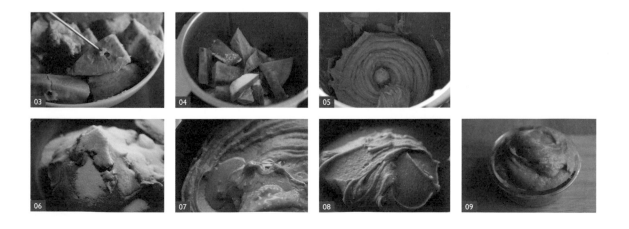

10　將鹹蛋黃洗淨後，在表面噴上米酒，並放入180°c烤箱，烘烤5～6分鐘。

11　烤至鹹蛋黃表面出現微量小泡泡，即可取出烤箱。

→ 烘烤時間為參考值，須烤至開始出現小泡泡即可出爐，切勿將鹹蛋黃烤至泡泡大量釋出，甚至變成白色外觀，即烘烤過頭，會使後續製作出的芋頭酥，因油脂釋出，鹹蛋黃變得不夠油潤綿鬆。

12　取25克芋薯餡，包覆1顆鹹蛋黃（約13～15克）。

13　重複步驟12，依序完成其他內餡製作。

14　將中筋麵粉、豬油a、糖粉、清水倒入攪拌盆中，利用桌上型攪拌機，以中低速拌至外觀光滑。

→ 因每家麵粉的吸水性不同，所以水量可以事先保留10～20cc，觀察麵團的狀態再決定是否要加入，油皮建議軟度為，比耳垂再軟一點即可。

15　確認狀態攪打至可拉長具有延展性，但撐出的薄膜尚未具有光亮感，帶點粗糙感後，將麵團確實密封，靜置至少30分鐘。

→ ❶因麵團攪拌（揉製）時間過久，溫度會升高，有可能會導致麵團中的油量釋出，反而影響製作與口感，所以須利用時間去鬆弛，讓麵筋自行生成；❷若室溫高，可以冷藏鬆弛，但須確實密封。

16　30分鐘後，檢視麵團狀態，須為光滑細緻、更具延展性的薄膜；若還未到達此狀態，須繼續密封鬆弛。

17　將低筋麵粉、豬油b、紫薯粉倒入攪拌盆中，以刮板拌勻。

→ 若製作出的油酥太軟黏，可能是室溫或手溫太高，可冷藏備用。

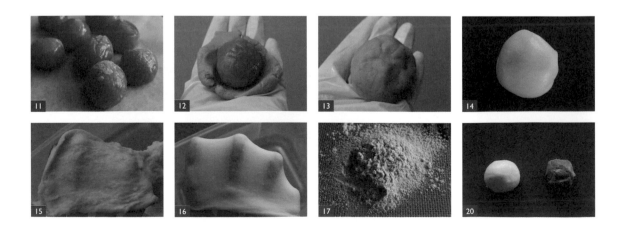

18　將油皮分割成7份，每份36克。

19　將油酥分割成7份，每份24克。

　　⋯ 後續製作，會將已分割成7份的油皮油酥，再做對切，成品可製作14份芋頭酥。

20　取油皮、油酥各1份。

　　⋯ 油皮、油酥要在一樣的軟度下，才可開始製作。

21　將油皮壓平後，以油皮包覆油酥。

　　⋯ 須用油皮包油酥，用具有延展性的油皮，包上鬆如黏土的油酥，才是正確的，切勿包反。

22　將油皮的開口，由外向內慢慢收合後，將收口朝上，用掌心壓扁油皮油酥。

23　以擀麵棍將油皮油酥上下擀長。

24　由上往下捲成長條形，第一次捲擀完成。

25　重複步驟20-24，依序將其他油皮、油酥捲成長條形後，鬆弛10分鐘。

　　⋯ 鬆弛時須密封保存或蓋上塑膠袋，以防止乾燥。

26　取一份完成第一次捲擀的油皮油酥，並將收口朝上後，用掌心壓扁油皮油酥。

27　以擀麵棍將油皮油酥上下擀長。

　　⋯ 擀油皮油酥時，只須輕柔擀開即可。若有適度鬆弛油皮，在此步驟就能輕鬆擀開；若有回彈狀態，則代表鬆弛不夠。

28　由上往下捲成長條形，第二次捲擀完成。

29　重複步驟26-28，依序將其他油皮油酥捲成長條形後，鬆弛10分鐘。

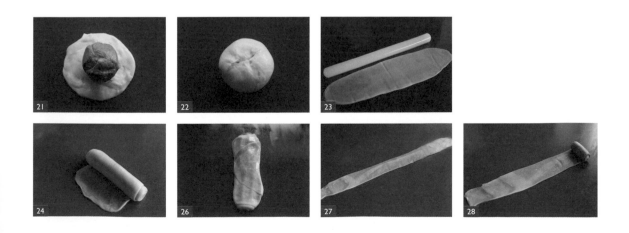

30　取一份已鬆弛好的油皮油酥，將油皮油酥從中間對切，即完成餅團。

31　重複步驟30，依序將其他油皮油酥對切。

32　將餅團切面朝桌面，以擀麵棍擀開非切面處。

33　將餅團擀開成圓後，在中間放上內餡。
　　⋯ 切面端是朝外的螺旋面，內餡要包在非切面端。

34　確認內餡頂端已對準螺旋中心，製作完成的成品才不會歪斜。

35　將餅皮和內餡放在虎口後，用右手大拇指為輔助，將內餡往內按壓，左手邊收口。
　　⋯ 右手大拇指須按壓內餡邊緣，將多餘空氣壓出，讓內餡與餅皮能越貼合。

36　如圖，餅皮收口完成的正面狀態。

37　將芋頭酥放上烤盤後，放入烤箱，以上火、下火170˚c，烘烤30分鐘，至手輕壓芋頭酥側邊不凹陷，並檢視底部為金黃色，即可使用隔熱手套將芋頭酥從烤箱中取出、享用。

38　如圖，芋頭酥出爐後的切面狀態。

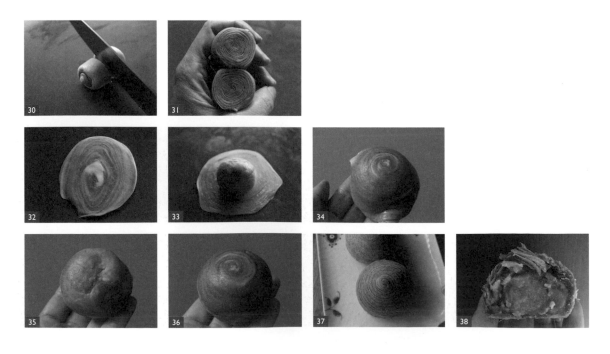

04

霸王四喜酥

經典中式點心

INGREDIENTS 使用材料

此配方可製作 10 顆

油皮（約23克/個）

中筋麵粉	120克
細砂糖a	15克
豬油a	45克
清水	57克

油酥（約15克/個）

低筋麵粉	100克
豬油b	50克

麻糬（約10克/個）

糯米粉	110克
樹薯粉	20克
全脂鮮奶	180克
細砂糖b	18克
無鹽奶油	20克
水麥芽	50克

內餡（須準備10份）

肉鬆	5克
麻糬	10克
紅豆餡	25克
鹹蛋黃	1顆

裝飾

蛋黃	2顆
黑芝麻	適量

前置作業

01　預熱烤箱至上火、下火180˚c。

02　在烤盤鋪上烘焙紙（或烘焙布）。

03　紅豆餡製作，請參考P.175。

04　鹹蛋黃準備，請參考P.176。

05　將蛋黃仔細過篩，備用。
　　→ 可在第一階段烘烤時準備。

麻糬製作

06　將糯米粉、樹薯粉、全脂鮮奶、細砂糖b倒入攪拌盆拌勻後，放入蒸鍋中蒸至完全泛白、無生粉與液體狀態。

07　加入無鹽奶油，以刮刀翻拌至無鹽奶油融化。

08　加入水麥芽，拌勻。

09　待麻糬稍涼後，放入耐熱塑膠袋中，反覆搓揉，將原本沒有延展性的麻糬，搓揉至富有彈性。

10　持續搓揉至麻糬能輕鬆拉長，且極富有彈性。

11　將麻糬分切成10份，每份10克後，密封，備用。

油皮製作

12 將中筋麵粉、細砂糖a、豬油a、清水倒入攪拌盆中，利用桌上型攪拌機，以中低速拌至外觀光滑。

→ 因每家麵粉的吸水性不同，所以水量可以事先保留10～20cc，觀察麵團的狀態再決定是否要加入，油皮建議軟度為，比耳垂再軟一點即可。

13 確認狀態攪打至可拉長具有延展性，但撐出的薄膜尚未具有光亮感，帶點粗糙感後，將麵團確實密封，靜置至少30分鐘。

→ ❶因麵團攪拌（揉製）時間過久，溫度會升高，有可能會導致麵團中的油量釋出，反而影響製作與口感，所以須利用時間去鬆弛，讓麵筋自行生成；❷若室溫高，可以冷藏鬆弛，但須確實密封。

14 30分鐘後，檢視麵團狀態，須為光滑細緻、更具延展性的薄膜；若還未到達此狀態，須繼續密封鬆弛。

油酥製作

15 將低筋麵粉、豬油b倒入攪拌盆中，以刮板拌勻。

→ 若製作出的油酥太軟黏，可能是室溫或手溫太高，可冷藏備用。

餅皮捲擀

16 將油皮分割成10份，每份23克。

17 將油酥分割成10份，每份15克。

18 取油皮、油酥各1份。

→ 油皮、油酥要在一樣的軟度下，才可開始製作。

19 將油皮壓平後，以油皮包覆油酥。

→ 須用油皮包油酥，用具有延展性的油皮，包上鬆如黏土的油酥，才是正確的，切勿包反。

20 將油皮的開口，由外向內慢慢收合。

21 將收口朝上，用掌心壓扁油皮油酥。

22 以擀麵棍將油皮油酥上下擀長。

23 由上往下捲成長條形，第一次捲擀完成。

24 重複步驟18-23，依序將其他油皮、油酥捲成長條形後，鬆弛10分鐘。

→ 鬆弛時須密封保存或蓋上塑膠袋，以防止乾燥。

25 取一份完成第一次捲擀的油皮油酥，並將收口朝上。

26 用掌心壓扁油皮油酥。

27 以擀麵棍將油皮油酥上下擀長。

→ 擀油皮油酥時，只須輕柔擀開即可。若有適度鬆弛油皮，在此步驟就能輕鬆擀開；
若有回彈狀態，則代表鬆弛不夠。

28 由上往下捲成長條形，第二次捲擀完成。

29 重複步驟25-28，依序將其他油皮油酥捲成長條形後，鬆弛10分鐘。

30 取一份已鬆弛好的油皮油酥，並將收口朝上後，用指腹在油皮油酥中間輕
按出凹洞。

31 承步驟30，上下捏合。

32 如圖，餅團完成，

33 以擀麵棍將餅團擀開成圓後，依序放上肉鬆、麻糬、紅豆餡、鹹蛋黃，共
4種餡料。

34 用虎口將餅皮向上推，以包覆內餡。

35 用右手大拇指為輔助，將內餡往內按壓，左手邊收口。

→ 右手大拇指須按壓內餡邊緣，將多餘空氣壓出，讓內餡與餅皮能越貼合。

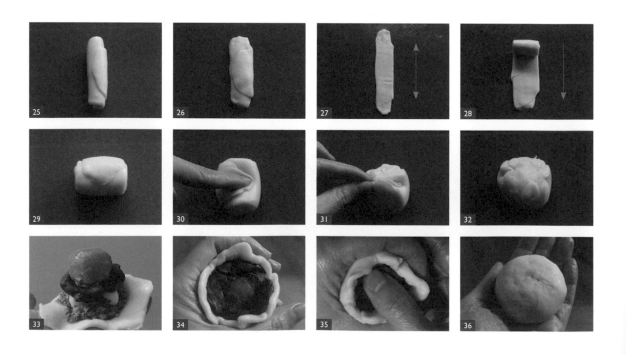

36 如圖，餅皮收口完成，底部呈現光滑平整貌，即完成四喜酥。

37 確認表面無破損撕裂狀態後，重複步驟30-36，依序將其他餅團的內餡包覆完成。

38 將四喜酥放上烤盤。

39 放入烤箱，以上火、下火180℃，烘烤30～35分鐘，完成第一階段的烘烤。

40 使用隔熱手套將烤盤取出，四喜酥約8分熟，表面已膨脹呈現蓬鬆感。

41 在四喜酥表面刷上蛋黃液。

42 承步驟41，再刷第二遍蛋黃液後，在表面撒上黑芝麻裝飾，再放入烤箱，以上火、下火180℃，續烤10～15分鐘，進入第二階段的烘烤。

43 烘烤至用手輕壓四喜酥側邊不凹陷。

44 檢視底部為金黃色後，即可使用隔熱手套將四喜酥從烤箱中取出、享用。

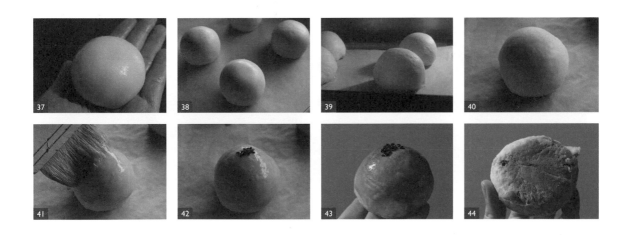

◆
‖ TIPS ‖

關於表面刷蛋黃液，有兩種方法，

❶ **兩段爐溫，後段才刷上蛋黃液**：運用此方式，表面蛋黃液的上色狀況、完整度，會較好控制，表面較不會出現裂紋。

❷ **放入烤箱前，就刷上蛋黃液，並撒上黑芝麻**：運用此方式，因受熱膨脹，在體積變大時，會撐開表面，造成裂紋，成品會產生龜殼狀花紋，這點要視個人喜好斟酌。

05

甜心彩虹酥

經典中式點心

Ingredients 使用材料

此配方可製作 14 顆

油皮			色粉	
中筋麵粉	130克		草莓粉	2克
豬油a	50克		梔子黃粉	2克
糖粉	18克		藍莓粉	2克
清水	60克		蝶豆花粉（或梔子藍粉）	2克

油酥			內餡（須準備14份）	
低筋麵粉	110克		紅豆餡	25克
豬油b	55克		市售榛果巧克力球	1顆

前置作業

01 預熱烤箱至上火、下火170˚c。

02 在烤盤鋪上烘焙紙（或烘焙布）。

03 紅豆餡製作，請參考P.175。

內餡製作

04 取25克紅豆餡，包入1顆榛果巧克力球。

05 用右手大拇指為輔助，將內餡往內輕壓，左手邊收口，共須製作14份。

油皮製作

06 將中筋麵粉、豬油a、糖粉、清水倒入攪拌盆中，利用桌上型攪拌機，以中低速拌至外觀光滑。

⋯ 因每家麵粉的吸水性不同，所以水量可以事先保留10～20cc，觀察麵團的狀態再決定是否要加入，油皮建議軟度為，比耳垂再軟一點即可。

07 確認狀態攪打至可拉長具有延展性，但撐出的薄膜尚未具有光亮感，帶點粗糙感後，將麵團確實密封，靜置至少30分鐘。

⋯ ❶因麵團攪拌（揉製）時間過久，溫度會升高，有可能會導致麵團中的油量釋出，反而影響製作與口感，所以須利用時間去鬆弛，讓麵筋自行生成；❷若室溫高，可以冷藏鬆弛，但須確實密封。

08 30分鐘後，檢視麵團狀態，須為光滑細緻、更具延展性的薄膜；若還未到達此狀態，須繼續密封鬆弛。

油酥製作

09 將低筋麵粉、豬油b倒入攪拌盆中，以刮板拌勻。

⋯ 若製作出的油酥太軟黏，可能是室溫或手溫太高，可冷藏備用。

10　將油酥平均分四份，並分別揉入草莓粉❶、梔子黃粉❷、藍莓粉❸、蝶豆花粉（或梔子藍粉）❹。

11　如圖，色粉揉入完成，分別為粉色❶、橘色❷、藍色❸、紫色❹油酥。

12　將油皮分割成7份，油皮每份36克；並承步驟11，將粉色❶、橘色❷、藍色❸、紫色❹油酥分別分割成7份，每份6克，四色為一份油酥，油酥四色每份共約24克。
　　→ 後續製作，會將已分割成7份的油皮油酥，再做對切，成品可製作14份彩虹酥。

13　將油皮擀開成方形後，依序放入橘色❷、粉色❶、藍色❸、紫色❹油酥。
　　→ 顏色順序可以個人喜好擺放。

14　將油皮四邊向內收摺、收口朝上，以包覆油酥。

15　油皮油酥不轉向，以擀麵棍將油皮油酥，先從中間往上擀後，再由中間往下擀開。

16　將油皮油酥從上往下（短邊）捲成長條形，第一次捲擀完成。

17　重複步驟13-16，依序將其他油皮、油酥捲成長條形後，鬆弛10分鐘。
　　→ 圖為已轉90度的完成圖；鬆弛時須密封保存或蓋上塑膠袋，以防止乾燥。

18　取一份完成第一次捲擀的油皮油酥，將收口朝上後，用掌心壓扁。

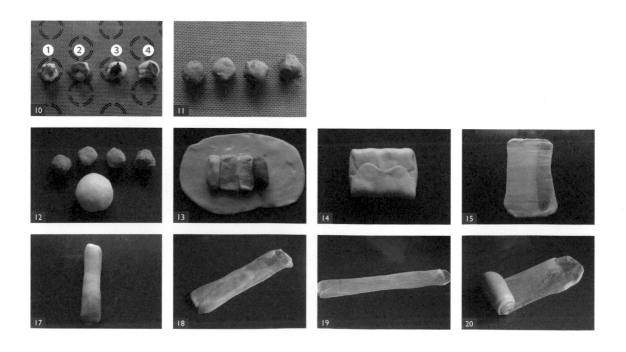

19 　以擀麵棍將油皮油酥上下擀長。

　　⋯ 擀油皮油酥時，只須輕柔擀開即可。若有適度鬆弛油皮，在此步驟就能輕鬆擀開；
　　　若有回彈狀態，則代表鬆弛不夠。

20 　由上往下捲成長條形，第二次捲擀完成。

　　⋯ 因起始點會是彩虹酥的頂端，故可依個人喜好的頂端顏色，選擇開始捲的方向。

21 　重複步驟18-20，依序將其他油皮油酥捲成長條形後，鬆弛10分鐘。

22 　取一份已鬆弛好的油皮油酥，將油皮油酥從中間對切，即完成餅團。

23 　重複步驟22，依序將其他油皮油酥對切。

24 　將餅團切面朝桌面，以擀麵棍擀開非切面處。

25 　將餅團擀開成圓後，在中間放上內餡，並確認內餡頂端已對準螺旋中心，
　　製作完成的成品才不會歪斜。

　　⋯ 切面端是朝外的螺旋面，內餡要包在非切面端。

26 　將餅皮和內餡放在虎口後，用右手大拇指為輔助，將內餡往內按壓，左手
　　邊收口。

27 　如圖，餅皮收口完成的正面狀態。

28 　將彩虹酥放上烤盤後，放入烤箱，以上火、下火170˚c，烘烤28 ～ 30分鐘，
　　至手輕壓彩虹酥側邊不凹陷，並檢視底部為金黃色，即可使用隔熱手套將彩
　　虹酥從烤箱中取出、享用。

29 　如圖，彩虹酥出爐後的切面狀態。

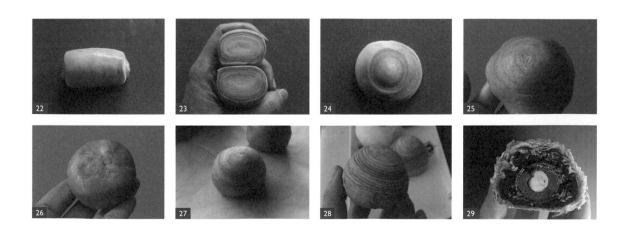

06

黑金芝麻酥

經典中式點心

INGREDIENTS 使用材料

此配方可製作 14 顆

油皮

中筋麵粉	130克
豬油a	52克
糖粉a	18克
清水	62克

油酥

低筋麵粉	110克
豬油b	55克
竹碳粉	4克

黑芝麻餡

無糖黑芝麻粉	175克
糖粉b	55克
無鹽奶油	70克
紅豆餡	175克

內餡（須準備14份）

黑芝麻餡	25克
鹹蛋黃	1顆（約13 ～ 15克/顆）

前置作業

01 預熱烤箱至上火、下火170˚c。

02 在烤盤鋪上烘焙紙（或烘焙布）。

03 紅豆餡製作，請參考P.175。

內餡製作

04 將鹹蛋黃洗淨後，在表面噴上米酒，並放入180˚c的烤箱，烘烤5～6分鐘。

05 烤至鹹蛋黃表面出現微量小泡泡，即可取出烤箱。

⟶ 烘烤時間為參考值，須烤至開始出現小泡泡即可出爐，切勿將鹹蛋黃烤至泡泡大量釋出，甚至變成白色外觀，即烘烤過頭，會使後續製作出的芝麻酥，因油脂釋出，鹹蛋黃變得不夠油潤綿鬆。

06 將無糖黑芝麻粉、糖粉b、無鹽奶油、紅豆餡倒入攪拌盆中。

⟶ 加入紅豆餡，可使內餡變成團狀，不鬆散；若家中有白豆沙餡，也可用白豆沙餡取代紅豆餡。

07 以桌上型攪拌機拌成團狀，即完成黑芝麻餡。

08 取25克黑芝麻餡，包入1顆鹹蛋黃（13～15克），並用右手大拇指為輔助，將鹹蛋黃往內輕壓，左手邊收口。

09 重複步驟8，依序完成其他內餡製作。

油皮製作

10 將中筋麵粉、豬油a、糖粉a、清水倒入攪拌盆中，利用桌上型攪拌機，以中低速拌至外觀光滑。

⟶ 因每家麵粉的吸水性不同，所以水量可以事先保留10～20cc，觀察麵團的狀態再決定是否要加入，油皮建議軟度為，比耳垂再軟一點即可。

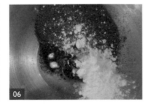

11　確認狀態攪打至可拉長具有延展性，但撐出的薄膜尚未具有光亮感，帶點粗糙感後，將麵團確實密封，靜置至少30分鐘。

→ ❶ 因麵團攪拌（揉製）時間過久，溫度會升高，有可能會導致麵團中的油量釋出，反而影響製作與口感，所以須利用時間去鬆弛，讓麵筋自行生成；❷ 若室溫高，可以冷藏鬆弛，但須確實密封。

12　30分鐘後，檢視麵團狀態，須為光滑細緻、更具延展性的薄膜；若還未到達此狀態，須繼續密封鬆弛。

13　將低筋麵粉、豬油b、竹碳粉倒入攪拌盆中，以刮板拌勻。

→ 若製作出的油酥太軟黏，可能是室溫或手溫太高，可冷藏備用。

14　將油皮分割成7份，每份36克；將油酥分割成7份，每份24克。

→ 後續製作，會將已分割成7份的油皮油酥，再做對切，成品可製作14份黑金芝麻酥。

15　取油皮、油酥各1份。

→ 油皮、油酥要在一樣的軟度下，才可開始製作。

16　將油皮壓平後，以油皮包覆油酥。

→ 須用油皮包油酥，用具有延展性的油皮，包上鬆如黏土的油酥，才是正確的，切勿包反。

17　將油皮的開口，由外向內慢慢收合後，將收口朝上，用掌心壓扁油皮油酥。

18　以擀麵棍將油皮油酥上下擀長。

19　由上往下捲成長條形，第一次捲揂完成。

20　重複步驟15-19，依序將其他油皮、油酥捲成長條形後，鬆弛10分鐘。

→ 鬆弛時須密封保存或蓋上塑膠袋，以防止乾燥。

21　取一份完成第一次捲擀的油皮油酥，先將收口朝上，再用掌心壓扁油皮油酥。

22　以擀麵棍將油皮油酥，先從中間往上擀後，再由中間往下擀開、擀長。
→ 擀油皮油酥時，只須輕柔擀開即可。若有適度鬆弛油皮，在此步驟就能輕鬆擀開；若有回彈狀態，則代表鬆弛不夠。

23　由上往下捲成長條形，第二次捲擀完成。

24　重複步21-23，依序將其他油皮油酥捲成長條形後，鬆弛10分鐘。

25　取一份已鬆弛好的油皮油酥，將油皮油酥從中間對切，即完成餅團。

26　重複步驟25，依序將其他油皮油酥對切。

27　將餅團擀開成圓後，在中間放上內餡，並確認內餡頂端已對準螺旋中心，製作完成的成品才不會歪斜。
→ 切面端是朝外的螺旋面，內餡要包在非切面端。

28　將餅皮和內餡放在虎口後，用右手大拇指為輔助，將內餡往內按壓，左手邊收口。

29　如圖，餅皮收口完成的正面狀態。

30　將黑金芝麻酥放上烤盤後，放入烤箱，以上火、下火170°c，烘烤28～30分鐘，至手輕壓黑金芝麻酥側邊不凹陷，並檢視底部為金黃色，即可使用隔熱手套將黑金芝麻酥從烤箱中取出、享用。
→ 可依個人喜好，將食用金色粉加水後，在黑金芝麻酥表面刷一短線，作為裝飾。

31　如圖，黑金芝麻酥出爐後的切面狀態。

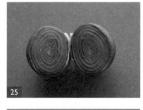

07

菠蘿香芋肉麻酥

經典中式點心

麵團	
低筋麵粉	200克
玉米粉	10克
全脂奶粉	12克
泡打粉	3克
無鹽奶油（室溫軟化）	43克
澄清奶油（室溫軟化）	43克
糖粉	68克
全蛋（去殼）	50克

內餡（須準備10份）	
麻糬	10克
肉鬆	5克
芋薯餡	25克
鹹蛋黃	1顆

裝飾	
蛋黃	1顆
芝麻（黑白芝麻皆可）	適量

STEP BY STEP 步驟說明

前置作業

01　預熱烤箱至上火、下火180˚c；在烤盤鋪上烘焙紙（或烘焙布）。

02　全蛋室溫回溫；將無鹽奶油、澄清奶油放置室溫軟化；將低筋麵粉、玉米粉、全脂奶粉、泡打粉分別過篩，備用。
　　→ 澄清奶油製作參考 P.119。

04

03　將蛋黃仔細過篩，備用。
　　→ 可在第一階段烘烤時準備。

05

內餡製作

04　芋薯餡製作，請參考P.187。

05　麻糬製作，請參考P.192。

06　將鹹蛋黃洗淨後，在表面噴上米酒，並放入180°c烤箱，烘烤5～6分鐘。

07　烤至鹹蛋黃表面出現微量小泡泡，即可取出烤箱。

→ 烘烤時間為參考值，須烤至開始出現小泡泡即可出爐，切勿將鹹蛋黃烤至泡泡大量釋出，甚至變成白色外觀，即烘烤過頭，會使後續製作出的菠蘿香芋肉麻酥，因油脂釋出，鹹蛋黃變得不夠油潤綿鬆。

08　取攪拌盆，加入室溫軟化的無鹽奶油、澄清奶油。

→ 無鹽奶油軟化狀態為，外觀依舊成形，但手指壓下，可輕鬆留下指痕。

09　加入糖粉。

10　以手持電動攪拌器，攪打均勻。

11　分2～3次加入已回溫的全蛋，並以手持電動攪拌器攪拌均勻。

→ 分次加入全蛋，可降低油水分離的機率。

12　邊加入全蛋邊攪打，打至全蛋完全吸收，再加入下一次的全蛋，直至全蛋使用完畢。

13　以手持電動攪拌器攪打至呈現光滑、細緻、無顆粒，完全均質狀態。

→ 若帶有小顆粒分散的狀態，即為油水分離。

14　加入過篩後的低筋麵粉、玉米粉、全脂奶粉、泡打粉，攪拌均勻。

15　如圖，麵團完成，為手摸不濕黏、乾爽狀態。

16　將麵團確實密封，靜置至少30分鐘。

17　鬆弛後，將麵團分割成10份，每份約40克。

18　取1份麵團。

19　用掌心壓扁麵團。

20　在麵團中間依序放上麻糬、肉鬆、芋薯餡、鹹蛋黃。

21　用虎口將麵團向上推，以包覆內餡。

22　用右手大拇指為輔助，將內餡往內按壓，左手邊收口。

23　重複步驟18-22，依序將其他麵團的內餡包覆完成。

24　將菠蘿香芋肉麻酥放上烤盤，並在表面刷上已過篩蛋黃液。

25　在表面撒上芝麻裝飾。

26　放入烤箱，以上火、下火180˚c，烘烤25～30分鐘，至表面完全上色。

27　使用隔熱手套將菠蘿香芋肉麻酥從烤箱中取出，室溫放涼後，即可享用。

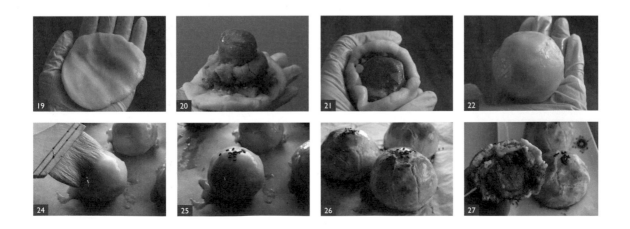

08

桃酥

經典中式點心

INGREDIENTS 使用材料

此配方可製作 8 顆

麵團

豬油（室溫軟化）	65克
純糖粉	55克
蛋黃（約1顆）	20克
高筋麵粉	90克
低筋麵粉	20克

泡打粉	1克
小蘇打粉	2克
杏仁粉（或椰蓉）	20克

裝飾

黑芝麻（或白芝麻）	適量

STEP BY STEP 步驟說明

前置作業

01 將高筋麵粉、低筋麵粉、泡打粉、小蘇打粉、杏仁粉混合過篩，備用。

→ 杏仁粉或椰蓉，擇一使用即可。

02 純糖粉過篩，備用。

03 將豬油放置室溫軟化，軟化至手指壓下，可輕鬆留下指痕。

04 預熱烤箱至上火、下火160°c。

05 在烤盤鋪上烘焙紙（或烘焙布）。

麵團製作、烘烤

06 取攪拌盆，加入室溫軟化的豬油，並以手持電動攪拌器拌開後，加入過篩後的純糖粉。
→ 若無手持電動攪拌器，可用手持球型打蛋器操作；若量大，可改用桌上型攪拌機操作。

07 取手持電動攪拌器，以慢速先將純糖粉與室溫軟化的豬油拌勻，以免純糖粉飛散。

08　再轉中速攪打，將純糖粉與豬油拌勻，拌至看不見純糖粉，呈現微泛白蓬鬆的狀態。

09　加入蛋黃，拌勻。

10　以手持電動攪拌器拌至完全均質乳化。

11　加入已混合過篩的高筋麵粉、低筋麵粉、泡打粉、小蘇打粉、杏仁粉。

12　以刮刀拌至看不見任何粉類，麵團狀態為不黏手，可輕易塑形的狀態。

13　取30克麵團，並搓成圓球狀。

14　以迷你擀麵棍（直徑2公分）或指腹，在圓球中間戳出凹洞。

15　在凹洞中間撒上白芝麻作為裝飾。

16　在凹洞中間撒上黑芝麻作為裝飾。

　　→ 可依個人喜好選擇白芝麻或黑芝麻。

17　將桃酥放上烤盤後，放入烤箱，以上火、下火160˚c，烘烤25～30分鐘，至桃酥全熟後，即可使用隔熱手套將桃酥從烤箱中取出、享用。

　　→ 判斷是否有熟，狀態為可輕鬆拿起餅乾，檢視底部已有上色、按壓底部中心為硬實狀態時，即為全熟。

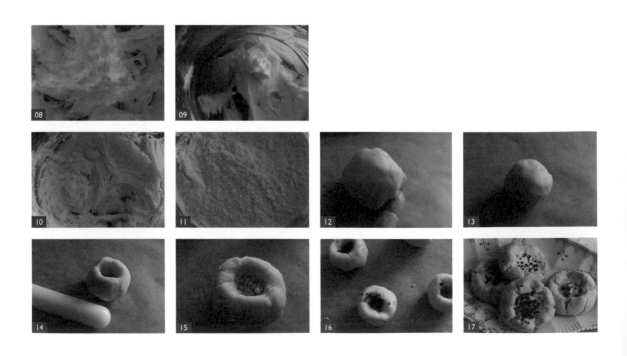

CHAPTER 04

美味
小西點

DELICIOUS PATISSERIE

原味鐵盒擠花餅乾

美味小西點

INGREDIENTS 使用材料

無鹽奶油（室溫軟化）160克	純糖粉 50克	玉米粉 55克
	高筋麵粉 40克	全脂奶粉 20克
澄清奶油（室溫軟化）40克	低筋麵粉 150克	食鹽 0.5克

前置作業

01 將高筋麵粉、低筋麵粉、玉米粉、全脂奶粉、食鹽混合過篩,備用。

02 純糖粉過篩,備用。

03 將無鹽奶油、澄清奶油放置室溫軟化,軟化至手指壓下,可輕鬆留下指痕。
⋯ 澄清奶油製作參考 P.119。

04 預熱烤箱至上火、下火140°c。

麵糊製作

05 取攪拌盆,加入室溫軟化的無鹽奶油、澄清奶油,並以手持電動攪拌器拌開。
⋯ 若無手持電動攪拌器,可用手持球型打蛋器操作;若量大,可改用桌上型攪拌機操作。

06 加入過篩後的純糖粉。

07 取手持電動攪拌器,以慢速先將純糖粉、室溫軟化的無鹽奶油和澄清奶油拌勻,以免純糖粉飛散。

08 再轉中速攪打,將純糖粉、無鹽奶油和澄清奶油拌勻,拌至看不見純糖粉,呈現微泛白蓬鬆的狀態。

09 加入已混合過篩的高筋麵粉、低筋麵粉、玉米粉、全脂奶粉、食鹽。

10 以刮刀拌至看不見任何粉類,麵糊外觀為細緻狀態。

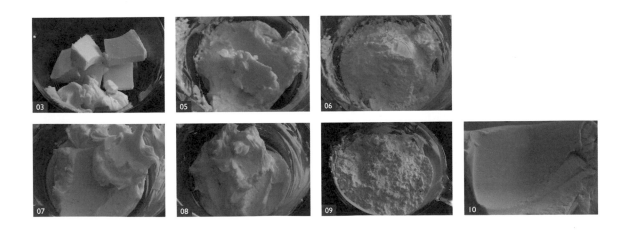

11　將麵糊分成小份裝入擠花袋A，再取擠花袋B套入八爪花嘴

　　⟶ 將麵糊分小份裝入擠花袋中，有利於後續擠花。

12　將擠花袋A的尖端剪一小開口。

13　將擠花袋A，套入擠花袋B中。

　　⟶ 套入2個擠花袋，主要避免在擠花過程中，擠花袋爆開外，在麵糊擠完後，可取
　　　下一份麵糊，直接套入操作，方便替換。

14　在烤盤上鋪上烘烤矽膠墊。

15　依序在烘烤矽膠墊上擠花，擠花高度可依個人喜好及能力範圍自行調整。

　　⟶ 擠得越高，烘烤時間會越長。

16　放入烤箱，以上火、下火140˚c，烘烤30 ～ 35分鐘，至餅乾全熟後，即
　　可使用隔熱手套將餅乾從烤箱中取出、待涼，即可享用。

17　判斷是否有熟，狀態為可輕鬆拿起餅乾，檢視底部已有上色、按壓底部中
　　心為硬實狀態時，即為全熟。

18　室溫放涼後，可置於密封盒中保存。

　　⟶ 餅乾建議烤乾、烤透，口感較佳，也有利於保存。

可可風味維也納擠花餅乾

美味小西點

INGREDIENTS 使用材料

麵糊	
無鹽奶油（室溫軟化）	50克
澄清奶油（室溫軟化）	50克
純糖粉	25克
細砂糖	10克
蛋白（室溫回溫）	20克
低筋麵粉	110克
可可粉	50克

裝飾	
巧克力豆	50克

STEP BY STEP 步驟說明

前置作業

01　將低筋麵粉、可可粉混合過篩，備用。

02　純糖粉過篩後，加入細砂糖，拌勻，備用。

03　將無鹽奶油、澄清奶油放置室溫軟化，軟化至手指壓下，可輕鬆留下指痕；蛋白室溫回溫。
　　⋯ 澄清奶油製作參考 P.119。

04　預熱烤箱至上火、下火160°c。

麵糊製作

05　取攪拌盆，加入室溫軟化的無鹽奶油、澄清奶油，並以手持電動攪拌器拌開。
　　⋯ 若無手持電動攪拌器，可用手持球型打蛋器操作；若量大，可改用桌上型攪拌機操作。

06　加入過篩後的純糖粉和細砂糖。

07　取手持電動攪拌器，以慢速先將純糖粉、細砂糖、室溫軟化的無鹽奶油和澄清奶油拌勻，以免糖類飛散。

08　再轉中速攪打，將糖類與無鹽奶油、澄清奶油拌勻，拌至看不見純糖粉、細砂糖，呈現微泛白的狀態。

09 加入蛋白。

　⟶ 蛋白室溫回溫，可避免在操作過程中，產生油水分離的狀態。

10 以手持電動攪拌器，拌勻。

11 加入已混合過篩的低筋麵粉、可可粉，以刮刀拌至看不見任何粉類，麵糊外觀為細緻狀態。

12 將麵糊分成小份裝入擠花袋A。

　⟶ 將麵糊分小份裝入擠花袋中，有利於後續擠花。

13 取擠花袋B套入八爪花嘴。

14 將擠花袋A的尖端剪一小開口。

15 將擠花袋A，套入擠花袋B中。

　⟶ 套入2個擠花袋，主要避免在擠花過程中，擠花袋爆開外，在麵糊擠完後，可取下一份麵糊，直接套入操作，方便替換。

16 在烤盤上鋪上烘烤矽膠墊。

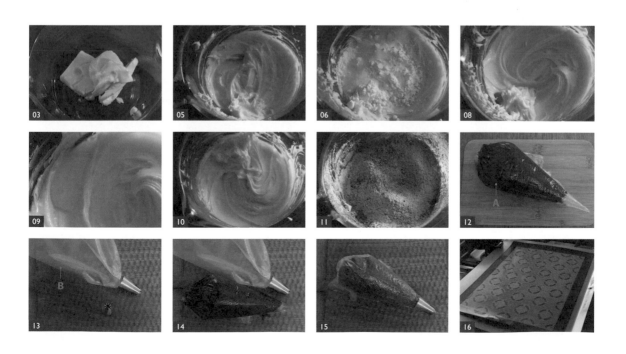

17 依序在烘烤矽膠墊上擠花，擠出連續的「3形」或「w形」的波浪形狀。

18 依序將麵糊擠完。

19 放入烤箱，以上火、下火160°c，烘烤20 ～ 25分鐘，至餅乾全熟後，即可使用隔熱手套將烤盤從烤箱中取出、待涼（若不須裝飾，待涼後，即可享用）。
 ⋯ 判斷是否有熟，狀態為可輕鬆拿起餅乾，檢視底部已有上色、按壓底部中心為硬實狀態時，即為全熟。

20 取一小碗，放入巧克力豆後，以隔水加熱的方式讓巧克力豆融化。
 ⋯ 裝飾的步驟可依個人喜好決定是否進行。

21 待餅乾全涼，將餅乾任一端沾上巧克力醬。
 ⋯ 巧克力醬可沾短邊或長邊，可依個人喜好裝飾。

22 將餅乾置於烤架上，待巧克力醬凝固後，即可享用。

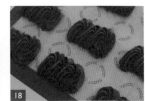

三種風味壓模餅乾

美味小西點

INGREDIENTS 使用材料

原味麵團

無鹽奶油（室溫軟化）	50克
純糖粉	40克
全蛋（去殼，室溫回溫）	25克
低筋麵粉a	120 ～ 130克

可可風味

無糖可可粉	15克
低筋麵粉b	105 ～ 110克

抹茶風味

無糖抹茶粉	6克
低筋麵粉c	110 ～ 105克

STEP BY STEP 步驟說明

前置作業

01　將低筋麵粉a、純糖粉分別過篩，備用。

02　若有製作可可或抹茶風味，低筋麵粉b、c須分別與無糖可可粉、無糖抹茶粉過篩，備用。
　　… 低筋麵粉的量視配方調整。

03　將無鹽奶油放置室溫軟化，軟化至手指壓下，可輕鬆留下指痕；全蛋室溫回溫。

04　預熱烤箱至上火、下火140°c。

麵團製作

05　取攪拌盆，加入室溫軟化的無鹽奶油。

06　以手持電動攪拌器拌開無鹽奶油。
　　… 若無手持電動攪拌器，可用手持球型打蛋器操作；若量大，可改用桌上型攪拌機操作。

07　加入過篩後的純糖粉。

08　取手持電動攪拌器，以慢速先將純糖粉與室溫軟化的無鹽奶油拌勻，以免純糖粉飛散。

09 再轉中速攪打,將純糖粉與無鹽奶油拌勻,拌至看不見純糖粉,呈現微泛白蓬鬆的狀態。

10 分2次加入全蛋,邊加入邊攪拌,攪拌至全蛋全部吸收,才可再加入,直至全蛋使用完畢。

⋯ 將全蛋室溫回溫,且分次加入攪拌,較不易出現油水分離的狀態。

11 如圖,全蛋攪拌均勻的狀態為,完全乳化、細緻光亮、無顆粒的狀態。

⋯ 若有分離狀小顆粒的產生,就是油水分離。

12 加入過篩後的低筋麵粉a,拌勻。

13 以刮刀拌至看不見任何低筋麵粉a,麵團狀態為不黏手的狀態。

14 取一張比麵團大,約3～4倍的不沾烤盤紙,對折後,將麵團放在中線旁邊。

15 先將不沾烤盤紙蓋住麵團後,取0.4公分厚的輔助尺,壓在不沾烤盤紙兩側。

16 以擀麵棍將麵團擀平。

⋯ 厚度設定建議在0.4公分,除了在壓餅乾模時,操作會較順手外,成品口感較佳。

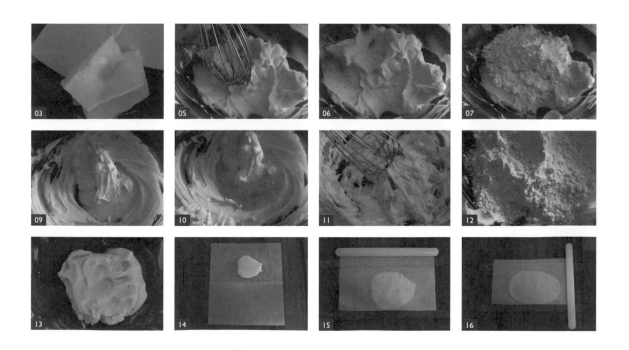

17 將不沾烤盤紙的四邊，沿著麵團邊緣摺起密封，呈現長方形。

→ 仍建議以0.4公分的厚度為首要條件。

18 若欲製作可可或抹茶風味，須重複步驟5-17，依序完成可可、抹茶風味的麵團後，將全部的麵團放入冰箱冷藏60分鐘，除了能讓麵團鬆弛外，也可讓麵團更加定型，後續較好操作。

19 取出麵團。

20 先在操作台上撒上低筋麵粉後，再取壓模並沾上低筋麵粉。

→ 壓模可依個人喜好選擇圖案、形狀。

21 取已沾低筋麵粉的壓模，依序在麵團上壓出形狀。

→ 剩餘的邊角麵團，可重複步驟14-16，重新塑形成麵團使用；若麵團太柔軟無法操作時，須將麵團放入冰箱冷藏30分鐘，定型。

22 將壓好的麵團，放置在已鋪不沾烤盤紙的烤盤上。

23 放入烤箱，以上火、下火140°c，烘烤20分鐘後，再以上火、下火160°c，續烤5分鐘，至餅乾全熟後，即可使用隔熱手套將餅乾從烤箱中取出、待涼，即可享用。

→ 判斷是否有熟，狀態為可輕鬆拿起餅乾、檢視底部已有上色、按壓底部中心為硬實狀態時，即為全熟。

美式軟曲奇

美味小西點

此配方可製作 4 片

無鹽奶油（室溫軟化）————— 100克	低筋麵粉 ————————— 140克
黑糖 ———————————— 30克	泡打粉 ————————————— 2克
細砂糖 ———————————— 25克	小蘇打粉 ————————————— 1克
全蛋（去殼，室溫回溫）———— 50克	胡桃 ———————————— 50克
中筋麵粉 ———————————— 20克	苦甜巧克力豆 ——————— 100克

STEP BY STEP 步驟說明

前置作業

01 將中筋麵粉、低筋麵粉、泡打粉、小蘇打粉混合過篩，備用。
→ ❶加入少量中筋麵粉可以調整成品口感；❷若中筋麵粉越多，成品越有嚼勁；低筋麵粉越多，則越鬆軟。

02 將胡桃分切成⅓；黑糖過篩，以去除過大的黑糖塊（如小石礫狀）。

03 將無鹽奶油放置室溫軟化，軟化至手指壓下，可輕鬆留下指痕；全蛋室溫回溫。

04 預熱烤箱至上火、下火160˚c。

麵團製作

05 取量杯，加入室溫軟化的無鹽奶油後，以手持電動攪拌器拌開。
→ 若無手持電動攪拌器，可用手持球型打蛋器操作；若量大，可改用桌上型攪拌機操作。

06 加入細砂糖和過篩後的黑糖。

07 取手持電動攪拌器，以慢速先將細砂糖、過篩後的黑糖與室溫軟化的無鹽奶油拌勻，以免糖類飛散；再轉中速拌勻。

08 分2～3次加入全蛋，邊加入邊攪拌，攪拌至全蛋全部吸收，才可再加入，直至全蛋使用完畢。

⋯ 將全蛋室溫回溫，且分次加入攪拌，較不易出現油水分離的狀態。

09 如圖，全蛋攪拌均勻的狀態為，光滑均質狀。

⋯ 若有分離狀小顆粒的產生，就是油水分離。

10 加入過篩後的中筋麵粉、低筋麵粉、泡打粉、小蘇打粉，拌勻。

11 加入胡桃、苦甜巧克力豆，以刮刀拌勻。

⋯ 胡桃可用核桃代替，風味會略有不同；巧克力豆可依個人喜好選擇甜度。

12 將麵團密封後，放入冰箱冷藏，鬆弛30分鐘。

13 將麵團塑形成圓球狀，每份約100克，共4顆。

⋯ 重量可依個人喜好調整，若有調整，烤箱溫度須視情況調整。

14 將圓球狀麵團放置在已鋪不沾烤盤紙的烤盤上，以上火、下火160°c，烘烤20分鐘，至表面上色。

15 使用隔熱手套將餅乾從烤箱中取出，室溫靜置微涼後，再移置烤架上。

⋯ 若在餅乾還未涼時，就從烤盤移動至烤架上，餅乾會散開。

麵團製作

整形、烘烤

無麵粉燕麥餅乾

美味小西點

燕麥	180克	椰糖	15克
椰蓉	20克	澄清奶油	30克
椰棗（切小塊）	50克	全脂鮮奶	30克
南瓜子	25克	楓糖漿	45克
葵瓜子	25克		

STEP BY STEP 步驟說明

前置作業

01 預熱烤箱至上火、下火160°c。

02 將燕麥、椰蓉放入攪拌盆中。

03 以手持球型打蛋器拌勻，備用，

04 將椰棗（果乾）切成小塊；南瓜子、葵瓜子等堅果食材共秤50克，備用。

05 在烤盤鋪上不沾烤盤紙；準備7公分的塔圈。

燕麥餅乾糊製作

06 取攪拌盆，加入澄清奶油。
⋯ 使用澄清奶油，成品風味較佳；澄清奶油製作參考 P.119。

07 以隔水加熱的方式，將澄清奶油融化至液態後，取出隔水加熱盆。

08 加入全脂鮮奶。

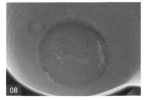

09　以手持球型打蛋器拌勻。

10　加入椰糖，以手持球型打蛋器拌至椰糖溶解，為奶糖糊。

11　加入椰棗（果乾）、南瓜子、葵瓜子（堅果），以及拌勻的燕麥椰蓉。

12　加入楓糖漿。

13　以刮刀將全部食材拌勻，即完成燕麥餅乾糊。

14　將燕麥餅乾糊填入7公分的塔圈中，將全數食材壓平、壓實後，取出塔圈，
　　每片約20 ～ 23克。

　　⋯❶ 在同樣7公分模型下，填入的克數越重，餅乾會越厚，所以烘烤的時間相對需
　　　　要延長；❷ 燕麥餅乾糊一定要壓平、壓實，否則烘烤時會鬆散碎開。

15　重複步驟14，依序在7公分塔圈填入燕麥餅乾糊。

16　放入烤箱，以上火、下火160˚c，烘烤20 ～ 25分鐘，至餅乾全熟後，即
　　可使用隔熱手套將餅乾從烤箱中取出、待涼，即可享用。

　　⋯ 判斷是否有熟，狀態為可輕鬆拿起餅乾，且底部已完全上色時，為全熟狀態。

06

雪花酥四小福

美味小西點

原味

棉花糖a	50克
無鹽奶油a	13克
鹹甜味餅乾a	40 ～ 50克
全脂奶粉a	15克
堅果a	25克
鳳梨、芒果、柳橙果乾	共30克

粉紅甜心：草莓風味

棉花糖b	50克
無鹽奶油b	13克
鹹甜味餅乾b	30 ～ 50克
全脂奶粉b	15克
天然草莓粉	5克
堅果b	25克
草莓果乾	10克
乾燥草莓	8 ～ 10克

紫色浪漫：藍莓風味

棉花糖c	50克
無鹽奶油c	13克
鹹甜味餅乾c	30 ～ 50克
全脂奶粉c	15克
天然藍莓粉	4克
堅果c	25克
藍莓果乾	10克
乾燥草莓	8 ～ 10克

清新翠綠：抹茶風味

棉花糖d	50克
無鹽奶油d	13克
鹹甜味餅乾d	30 ～ 50克
全脂奶粉d	15克
烘焙用抹茶粉	3克
堅果d	25克
蔓越莓果乾	10克
乾燥草莓	8 ～ 10克

STEP BY STEP 步驟說明

前置作業

01 將4種風味的果乾分別切小丁或小片，備用。

→ 原味選用：鳳梨、芒果、柳橙果乾；草莓風味選用：草莓乾、乾燥草莓；藍莓風味選用：藍莓乾、乾燥草莓；抹茶風味選用：蔓越莓果乾、乾燥草莓，果乾可依個人喜好選擇使用。

02 可對應步驟圖上標示的數字，查看相對應的文字。

❶ 若選用的餅乾較大塊，可事先剝成約3公分的小塊。

→ ❶ 建議選擇帶點鹹甜風味的餅乾，口感則可依個人喜好，選擇酥鬆或紮實；
❷ 餅乾可依個人翻拌技巧調整用量，初次可用配方中的最少量開始製作，熟練後再視情況增加，這是配方中有彈性調整空間的原因。

❷ 堅果可依個人喜好挑選，此配方以南瓜子、葵瓜子、松子、杏仁果為例。

❸ 準備迷你體積棉花糖，在製作上較為方便，若不易取得，須事先將棉花糖剪成1～2公分的小塊。

03 將其他風味的草莓粉、藍莓粉、抹茶粉，分別與全脂奶粉b、c、d過篩，備用。

04 將無鹽奶油a放入不沾炒鍋中，開中火。

⋯ 使用不沾材質的鍋具，食材不會有沾黏的問題，操作較為方便，也容易成功。

05 待無鹽奶油a完全融化後，轉中小火，放入棉花糖a。

06 以耐熱刮刀適時翻炒，待棉花糖a完全融化後，關火，為奶油棉花糖。

⋯ ❶翻炒主要為了防止沾黏，建議使用耐熱刮刀輔助翻拌；❷因棉花糖炒過久，成品口感就不柔軟，會比較硬口，故勿翻拌過久，棉花糖融化即可。

07 關火後，立即放入全脂奶粉a，利用鍋中餘溫，拌勻。

⋯ ❶若製作其他口味，天然色粉須事先與全脂奶粉過篩、拌勻；❷使用全脂奶粉，風味較香濃。

08 加入堅果a、鹹甜味餅乾a，以及鳳梨、芒果、柳橙果乾。

09 翻拌均勻，直至讓步驟8的食材，都沾滿奶油棉花糖，並成團，即為雪花酥團。

10　在4吋方形慕斯模具鋪上不沾烤盤紙後，放入雪花酥團。

11　將不沾烤盤紙往4吋方形慕斯模具中心摺，並用手壓實、塑形。
　　→ 若無4吋方形慕斯模具，可參考TIPS，運用方形烤模塑形。

12　重複步驟4-11，依序完成草莓、藍莓、抹茶的雪花酥，並放置室溫靜置
　　全涼後，在表面撒上少許全脂奶粉，以方便切塊。

13　將分切完成的雪花酥，放入貼口袋或密封袋中有利於保存，自食或送禮都
　　很方便又美觀。

 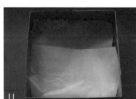  

‖ TIPS ‖

❶ 準備28×28×3.5公分的方形烤模，鋪上不沾烤盤紙後，將步驟9的雪花酥團放入方形烤
模任一角（圖A）。

❷ 先以刮板塑形出高度3.5公分後，再加強塑形雪花酥團的四邊，使形狀能方正（圖B）。（註：
先塑形高度，可讓雪花酥團的尺寸不會差異太多。）

❸ 最後，以擀麵棍輕擀，使表面更平整即可。

07

達克瓦茲

美味小西點

INGREDIENTS 使用材料

此配方可製作 16 片達克瓦茲外殼

麵糊

烘焙用（馬卡龍）
杏仁粉⸻65克
防潮糖粉a⸻46克
低筋麵粉⸻23克

蛋白霜

冰蛋白⸻100克
細砂糖⸻41克
蛋白粉⸻2克

裝飾

防潮糖粉b⸻適量

低糖奶油霜

無鹽奶油（室溫軟化）
⸻80克
動物性鮮奶油（室溫
回溫）⸻120克
糖粉⸻20克
香草醬⸻1克
黑芝麻粉⸻5克
抹茶粉⸻1 ～ 2克

STAGE 01 / 達克瓦茲殼製作

前置作業

01　預熱烤箱至上火、下火180°c（有風扇功能）；上火、下火190°c ～ 200°c（無風扇功能）。

02　將達克瓦茲模放在墊有矽膠墊的烤盤上後，取噴水器將模具噴濕，以利後續脫模。

03　承步驟2，噴至模具邊緣帶點濕度即可，勿噴到矽膠墊全濕。

04　將杏仁粉、防潮糖粉a、低筋麵粉混合過篩，為粉類，備用。

蛋白霜製作

05　將冰蛋白倒入乾淨無水、無油的攪拌盆中後，加入蛋白粉，以手持電動攪拌器：

❶ 以中高速攪打至大氣泡出現後，加入⅓量的細砂糖。

❷ 以中高速攪打至出現細小泡泡，蛋白體積略微膨脹，再加入⅓量的細砂糖，繼續攪打。

❸ 以中高速攪打至出現紋路後，此時看起來仍粗糙不細緻，加入最後⅓量的細砂糖，繼續攪打。

❹ 以中高速攪打至蛋白霜外觀，光亮細緻，攪拌頭提起時，可拉出尾端直立的狀態。

❺ 轉為低速攪打30秒，讓大氣泡排出，蛋白霜更加細緻，呈乾性發泡狀態，完成蛋白霜製作。

⋯ ❶以冰蛋白製作，可以讓蛋白霜呈現細緻光亮狀態。當蛋白溫度太高，蛋白霜會呈現粗糙不具光亮感；❷蛋白粉是由新鮮蛋白，經過處理後的濃縮蛋白，為粉末狀，主要是穩定蛋白霜的作用，若無，可用½小匙檸檬汁或白醋代替。

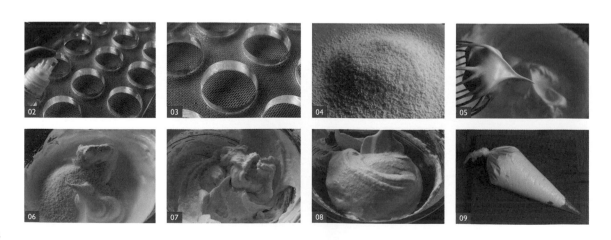

06 分2 ～ 3次拌入過篩後的粉類。

07 拌至看不見粉類後,才可加入下一次,當粉類加入完畢後,再徹底翻拌,直至麵糊從粗糙外觀轉為光亮外觀,即可停止翻拌。

08 如圖,麵糊完成,呈現低流動狀態,帶光亮感。
⋯ 若麵糊呈現帶水狀似的光亮感,且流動性較佳,為消泡狀態,有可能是蛋白攪打不完全或是翻拌過度,導致消泡。

09 將麵糊裝入擠花袋或三明治袋中,並在尖端剪一小開口。

10 依序將麵糊擠入達克瓦茲模。
⋯ 模具為單顆高度1.5公分、圓直徑5公分連模,依食譜比例可製作16個外殼,但數量會依實際完成的麵糊狀態,而有差異。

11 以刮板將麵糊表面刮平。

12 承步驟11,將麵糊表面刮平即可停止,若重複太多次,易使麵糊消泡。

13 用雙手扶住達克瓦茲模的兩端後,將達克瓦茲模提高,取走。
⋯ 達克瓦茲模不可入爐烘烤。

14 如圖,達克瓦茲主體完成。

15 取細篩網為輔助,在達克瓦茲主體表面均勻篩上防潮糖粉b後,待防潮糖粉b被完全吸收。
⋯ 篩防潮糖粉除了讓外殼產生薄脆糖衣感外,另一方面是防止烘烤時,表面裂開。

16 再篩上第二層防潮糖粉b,靜置3 ～ 5分鐘,待防潮糖粉b被完全吸收。

17 放入烤箱，

　　❶ 開啟風扇功能，以上火、下火180˚c，烘烤5分鐘，至表面凝固，若防潮糖粉灑得夠多又均勻，此時會出現類似水滴的小珠珠（糖珠）；

烘烤

　　❷ 關閉風扇，以上火、下火180˚c，續烤8 ～ 10分鐘，至表面微上色。

　　　┅ 若無風扇烤箱，第一階段可調上火、下火190 ～ 200˚c，烘烤5分鐘，時間為參考值，須以表面結皮為主。

18 使用隔熱手套將烤盤從烤箱裡取出、待涼，即可擠入內餡；若非當天享用，可放入密封容器，放置陰涼處室溫保存，待要食用時，再擠入內餡。

STAGE 02 ／ **低糖奶油霜製作**

19 將無鹽奶油放置室溫軟化，軟化至手指壓下，可輕鬆留下指痕。

前置作業

20 動物性鮮奶油室溫回溫至25˚c，請勿在冰涼下使用。

　　┅ 一般動物性鮮奶油，攪打時須在冰涼狀態，但這款奶油霜，因與無鹽奶油一起攪打，故為避免油水分離，兩樣食材須在同樣室溫狀態下，才可以操作；這款奶油霜可作為內餡、夾層、擠花使用。

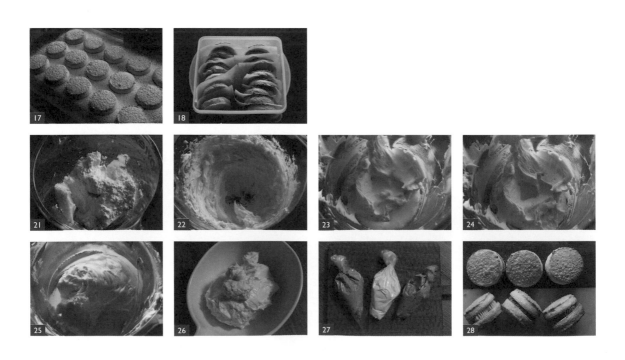

21 將室溫軟化的無鹽奶油、糖粉放入500cc量杯中,拌勻。

⋯ 因為500cc的量杯高聳,加上杯寬較適中,攪打面積不會過大,可更確實,且更
快的攪打均勻。

22 以手持電動攪拌器攪打至泛白。

23 分3～4次加入室溫回溫的動物性鮮奶油,須攪打至動物性鮮奶油被吸收。

⋯ 動物性鮮奶油須分多次加入,才可避免油水分離狀態,勿一次加入。

24 重複步驟23,直至動物性鮮奶油用完。

25 如圖,奶油霜呈現絲滑細緻狀態。

⋯ 若呈現小顆粒或硬團塊底部有一灘乳水,為油水分離。

26 如圖,原味奶油霜完成。

27 將原味奶油霜分3份,每份約70克,分別加入香草醬、抹茶粉、黑芝麻粉
拌勻後,分別裝入擠花袋或三明治袋中,並在尖端剪一小開口。

28 取達克瓦茲殼分別擠入不同風味的奶油霜,若未要立即食用,須放入冰箱
冷藏保存;食用前,可靜置室溫10分鐘,讓奶油霜稍微軟化,口感更佳。

◆

‖ TIPS ‖

❀ **關於防潮糖粉**

使用防潮糖粉,是因為防潮糖粉裡帶有4%的澱粉,與杏仁粉混合時,可以幫助吸收杏仁粉中
的油脂,也有利之後的操作。

❀ **關於表面糖珠**

達克瓦茲放入烤箱烘烤時,當表面的防潮糖粉遇熱,會形成看似在跳舞的水珠,它就是
糖珠。出爐後,糖珠會分布於表面,視覺上看似像小珍珠般,即為糖珠,但達克瓦茲有
沒有糖珠,都是美味的。

糖珠未形成的原因

❶ **溫度**:溫度不夠高時,糖珠不易形成,所以須事先將烤箱充分預熱。

❷ **表面的防潮糖粉**:表面防潮糖粉撒的不夠均勻,太厚(形成硬殼)、太薄(糖珠出不來),
糖珠均不會出現。

08

焦糖杏仁瓦片

美味小西點

INGREDIENTS 使用材料

蛋白	50克	香草醬	4克
細砂糖	80克	無鹽奶油	20克
杏仁片	145克	低筋麵粉	20克

‖ TIPS ‖

⊛ 品名爲焦糖杏仁瓦片，比例中爲什麼沒有焦糖？

因食材中的細砂糖，在烘烤過程中，遇熱而產生了焦糖的風味，所以，若刻意刪減比例中的糖量，焦糖味道就會變淡，甚至不明顯。

⊛ 保存方式

烘烤、放涼後，放入密封罐中保存；在完全烤乾的前提下，放在陰涼處，並在7天內食用完。

STEP BY STEP 步驟說明

前置作業

01 將無鹽奶油以隔水加熱，或微波爐加熱的方式，融化至液態，備用。

02 將低筋麵粉過篩，備用。

03 預熱烤箱至上火、下火160°c；在烤盤鋪上不沾烤盤紙；準備7公分的塔圈。
→ 塔圈尺寸可依個人喜好選擇大小；若不使用，隨意鋪平也可製作。

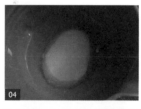

杏仁麵糊製作

04 取攪拌盆，加入蛋白、細砂糖。
→ 細砂糖能使成品更有酥脆感。

05 攪拌至細砂糖融化。

06 加入杏仁片，輕柔拌勻。

⋯ 拌杏仁片動作須輕柔，才不會讓杏仁片變成碎片。

07 加入香草醬。

⋯ 香草醬為增加風味使用。

08 加入已事先融化的無鹽奶油，輕柔拌勻。

09 加入過篩後的低筋麵粉。

10 輕柔拌勻後，將完成的杏仁麵糊，室溫靜置至少30分鐘。

⋯ 杏仁麵糊請勿放入冷藏，因食材中有奶油，會凝固成團狀。

11 將杏仁麵糊填入塔圈中後鋪平。

⋯ ❶取塔圈或圓形模具為輔助塑形，可使杏仁片的成品外觀有一致性；❷鋪平時，可用叉子為輔助移動杏仁片。

12 重複步驟11，依序將杏仁片鋪平於不沾烤盤紙。

⋯ 鋪得越薄，口感越輕脆，烘烤時間短；鋪的越厚，較具咬感，烘烤時間會較前者長。

13 放入烤箱，以上火、下火160°c，烘烤18 ～ 20分鐘，至底部及表面均勻上色後，即可使用隔熱手套將杏仁片從烤箱中取出、待涼，即可享用。

優格司康

美味小西點

INGREDIENTS 使用材料

此配方 7 公分模可製作 5 ～ 6 顆

麵團	
高筋麵粉	70克
低筋麵粉	130克
泡打粉	6克
食鹽	1克
細砂糖	40克
無鹽奶油（冷藏，切小丁）	60克
全蛋（去殼）	50克
無糖希臘優格	50克
全脂鮮奶	30克
香草醬	5克

裝飾	
全蛋液	適量

‖ TIPS ‖

❀ 無糖希臘優格，質地濃稠；若不方便取得，可用一般無糖優格代替，但若使用一般無糖優格，則須調整全脂鮮奶用量，以免麵團太過黏手 (圖A)。

❀ 製作司康時，不須刻意去揉，過度揉易出筋，進而影響口感，所以製作過程，須用按壓堆疊的方式，進行製作。

❀ 製作設定麵團2公分厚，對應7公分圓形壓模，出爐的司康不易東倒西歪；操作時，勿太貪心，用很厚的麵團對應很窄的模具，容易傾倒。

前置作業

01 從冰箱取出無鹽奶油，並切成小丁後，放回冰箱冷藏。
→ 無鹽奶油須確實冷藏，以免與麵粉混勻時有融化狀態，會影響口感。

02 將高筋麵粉、低筋麵粉、泡打粉混合過篩，備用。

03 預熱烤箱至上火、下火200˚c。

04 將全蛋、無糖希臘優格、全脂鮮奶、香草醬，倒入量杯中。

05 以手持球型打蛋器拌勻，為濕性食材，備用。

麵團製作

06 取攪拌盆，加入過篩後的高筋麵粉、低筋麵粉、泡打粉，以及食鹽、細砂糖，以手持球型打蛋器拌勻，為乾性食材。

07 將冰無鹽奶油丁放入乾性食材中，用手指搓揉或以叉子反覆壓散無鹽奶油，使無鹽奶油與乾性食材確實融合。

08 如圖，壓散後呈現細沙狀態，但無鹽奶油並未融化。

09 加入濕性食材，並稍微按壓、翻拌均勻。

10 如圖，翻拌完成的麵團狀態，表面粗糙。

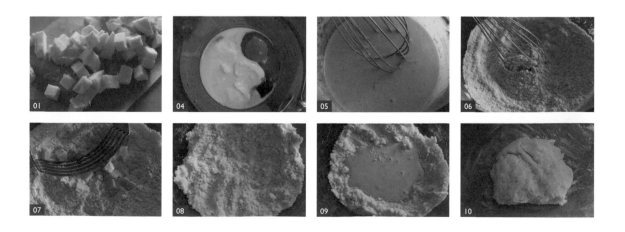

麵
團
製
作

11 在桌面撒少許手粉（低筋麵粉），再用手或以擀麵棍，將麵團按壓。

12 以刮板為輔助，將麵團對切。

13 將對切麵團堆疊起來後，按壓。

14 重複步驟11-13，用手或以擀麵棍，先將麵團按壓，再對切、堆疊後，按
壓，連續做2 ～ 3次。
··→ 此動作為層次的來源。

15 將麵團塑形為2公分厚的方形（長方形）麵團，再取塑膠袋或保鮮膜，密
封包覆，放置冰箱冷藏鬆弛1小時。
··→ 適度鬆弛，較容易塑形，外型口感也更佳。

整
形
、
烘
焙

16 從冰箱取出方形（長方形）麵團，再以7公分圓形壓模，壓出圓形。
··→ 剩餘的邊角麵團，可重新塑成2公分的麵團使用，約可做出5 ～ 6個司康。

17 將壓好的麵團放置在已鋪不沾烤盤紙的烤盤上。

18 在麵團表面刷上全蛋液。

19 放入烤箱，以上火、下火200˚c，烘烤12 ～ 13分鐘，至底部以及表面均
勻上色後，即可使用隔熱手套將司康從烤箱中取出。

20 將司康室溫放涼後，單吃，或夾入果醬、奶油，即可享用。

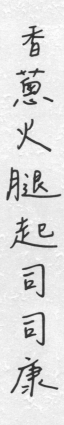

香蔥火腿起司司康

美味小西點

INGREDIENTS 使用材料

此配方 7 公分模可製作 7 顆

麵團

低筋麵粉	200克
泡打粉	5克
細砂糖	25克
食鹽	1克
無鹽奶油（冷藏，切小丁）	52克
全蛋（去殼）	50克
全脂鮮奶	50克
日式美乃滋	20克

內餡

青蔥（切蔥花）	8克
火腿與辣味義大利香腸（切碎）	40克
帕馬森起司（刨細絲）	20克

裝飾

全蛋液	適量

前置作業

01 從冰箱取出無鹽奶油,並切成小丁後,放回冰箱冷藏。
→ 無鹽奶油須確實冷藏,以免與麵粉混勻時有融化狀態,會影響口感。

02 將火腿、辣味義大利香腸(salami)切碎、青蔥切成蔥花、帕馬森起司若是塊狀請刨成細絲,備用。
→ 義大利香腸(salami)為風乾香腸,頗具風味,可依個人喜好選擇辣味或原味;若無,可用火腿代替。

03 將低筋麵粉、泡打粉混合過篩,備用。

04 預熱烤箱至上火、下火200˚c。

麵團製作

05 將全蛋、全脂鮮奶、日式美乃滋,倒入量杯中拌勻,為濕性食材,備用。

06 取攪拌盆,加入過篩後的低筋麵粉、泡打粉,以及食鹽、細砂糖,以手持球型打蛋器拌勻,為乾性食材。

07 將冰無鹽奶油丁放入乾性食材中。

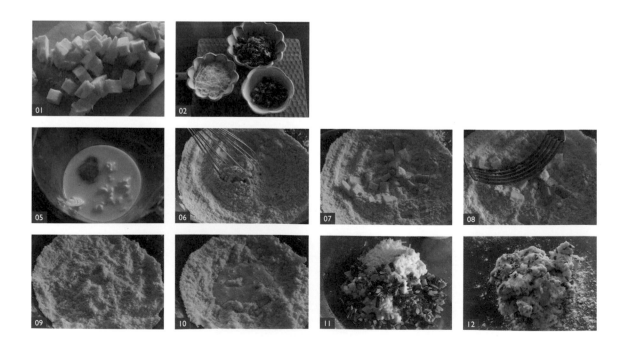

08　用手指搓揉或以叉子反覆壓散無鹽奶油，使無鹽奶油與乾性食材確實融合。

09　如圖，壓散後呈現細沙狀態，但無鹽奶油並未融化。

10　加入濕性食材，並稍微按壓、翻拌均勻，呈現石礫狀態，尚未成團。

11　加入蔥花、火腿碎、辣味義大利香腸碎、帕馬森起司絲，按壓翻拌。

12　如圖，翻拌好內餡的麵團狀態，表面粗糙。

13　在桌面撒少許手粉（低筋麵粉）。

14　用手或以擀麵棍，將麵團按壓。

15　以刮板為輔助，將麵團對切。

16　將對切麵團堆疊起來。

17　承步驟16，按壓堆疊後的麵團。

18　以刮板為輔助，將麵團對切。

19　將對切麵團堆疊起來後，按壓堆疊後的麵團。

20　以刮板為輔助，將麵團對切。

麵團製作

21　將對切麵團堆疊起來。

22　重複步驟14-21，用手或以擀麵棍，先將麵團按壓，再對切、堆疊後，按壓，連續做2～3次。
　　→ 此動作為層次的來源。

23　將麵團塑形為2公分厚的方形（長方形）麵團，再取塑膠袋或保鮮膜，密封包覆，放置冰箱冷藏鬆弛1小時。
　　→ 適度鬆弛，較容易塑形，外型口感也更佳。

整形、烘焙

24　從冰箱取出方形（長方形）麵團，再以7公分圓形壓模，壓出圓形。
　　→ 剩餘的邊角麵團，可重新塑成2公分的麵團使用，約可做出7個司康。

25　將壓好的麵團放置在已鋪不沾烤盤紙的烤盤上。

26　在麵團表面刷上全蛋液。

27　放入烤箱，以上火、下火200˚c，烘烤12～13分鐘，至底部以及表面均勻上色後，即可使用隔熱手套將司康從烤箱中取出，放涼後即可享用。

‖ TIPS ‖

❀ 製作司康時，不須刻意去揉，過度揉易出筋，進而影響口感，所以製作過程，須用按壓堆疊的方式，進行製作。

❀ 製作設定麵團2公分厚，對應7公分圓形壓模，出爐的司康不易東倒西歪；操作時，勿太貪心，用很厚的麵團對應很窄的模具，容易傾倒。

抹茶白巧克力司康

美味小西點

INGREDIENTS 使用材料

此配方 5 公分模可製作 10 顆

麵團

低筋麵粉	200克
泡打粉	6克
抹茶粉	8克
食鹽	1克
細砂糖	45克
無鹽奶油（冷藏，切小丁）	60克

全蛋（去殼）	50克
無糖希臘優格	50克
動物性鮮奶油	25克
白巧克力塊（切小丁）	60克

裝飾

全蛋液	適量

前置作業

01 從冰箱取出無鹽奶油，並切成小丁後，放回冰箱冷藏。
⟶ 無鹽奶油須確實冷藏，以免與麵粉混勻時有融化狀態，會影響口感。

02 將白巧克力塊切成小丁；將低筋麵粉、泡打粉、抹茶粉混合過篩，備用。

03 預熱烤箱至上火、下火200˚c。

麵團製作

04 取攪拌盆，加入過篩後的低筋麵粉、泡打粉、抹茶粉，以及食鹽、細砂糖，以手持球型打蛋器拌勻，為乾性食材。

05 將全蛋、無糖希臘優格、動物性鮮奶油，倒入量杯中。
⟶ 無糖希臘優格，質地濃稠；若不方便取得，可用一般無糖優格代替，但若使用一般無糖優格，則須調整動物性鮮奶油用量，以免麵團太過黏手。

06 承步驟5，將食材拌勻，為濕性食材，備用。

07 將冰無鹽奶油丁放入乾性食材中。

08 用手指搓揉或以叉子反覆壓散無鹽奶油，使無鹽奶油與乾性食材確實融合，壓散後呈現細沙狀態，但無鹽奶油並未融化。

09 加入濕性食材、白巧克力丁。

10 承步驟9，稍微按壓、翻拌均勻，讓乾、濕性食材融合。

11 確認翻拌完成的麵團狀態，為表面粗糙後，在桌面撒少許手粉（低筋麵粉），再用手或以擀麵棍，將麵團按壓。

12 以刮板為輔助，將麵團對切；再將對切麵團堆疊起來。

13 重複步驟11-12，用手或以擀麵棍，先將麵團按壓，再對切、堆疊後，按壓，連續做2～3次。
⋯→ 此動作為層次的來源。

14 將麵團塑形為2公分厚的方形（長方形）麵團，再取塑膠袋或保鮮膜，密封包覆，放置冰箱冷藏鬆弛1小時。
⋯→ 適度鬆弛，較容易塑形，外型口感也更佳。

15 從冰箱取出方形（長方形）麵團，再以5公分圓形壓模，壓出圓形。

16 剩餘的邊角麵團，可重新塑成2公分的麵團使用，約可做出10個司康。

17 將壓好的麵團放置在已鋪不沾烤盤紙的烤盤上。

18 在麵團表面刷上全蛋液。

19 放入烤箱，以上火、下火200°c，烘烤10～12分鐘，至底部以及表面均勻上色後，即可使用隔熱手套將司康從烤箱中取出，放涼後即可享用。

Now you can learn and enjoy high quality desserts and breads in the comfort at home.

EXQUISITE HOME BAKING

私宅烘焙

職人手做甜點×麵包，在家也能超Chill過生活

書　　　名　私宅烘焙：
　　　　　　職人手做甜點×麵包，
　　　　　　在家也能超Chill過生活
作　　　者　鍾昕霓（Sidney Chung）

主　　編　譽緻國際美學企業社·莊旻嬑
美　　編　譽緻國際美學企業社·羅光宇
封面設計　洪瑞伯
攝　　影　鍾昕霓（Sidney Chung）

發 行 人　程顯灝
總 編 輯　盧美娜
美術編輯　博威廣告
製作設計　國義傳播
發 行 部　侯莉莉
印　　務　許丁財
法律顧問　樸泰國際法律事務所許家華律師

藝文空間　三友藝文複合空間
地　　址　106台北市安和路2段213號9樓
電　　話　（02）2377-1163

出 版 者　橘子文化事業有限公司
總 代 理　三友圖書有限公司
地　　址　106台北市安和路2段213號9樓
電　　話　（02）2377-4155、（02）2377-1163
傳　　真　（02）2377-4355、（02）2377-1213
E - m a i l　service@sanyau.com.tw
郵政劃撥　05844889 三友圖書有限公司

總 經 銷　大和書報圖書股份有限公司
地　　址　新北市新莊區五工五路2號
電　　話　（02）8990-2588
傳　　真　（02）2299-7900

初　　版　2024年2月
定　　價　新臺幣580元
I S B N　978-986-364-210-7（平裝）

國家圖書館出版品預行編目（CIP）資料

私宅烘焙：職人手做甜點X麵包，在家也能超Chill
過生活 / 鍾昕霓作. -- 初版. -- 臺北市：橘子文化事
業有限公司, 2024.02
　　面；　公分
　　ISBN 978-986-364-210-7(平裝)

1.CST: 點心食譜

427.16　　　　　　　　　　　　　　　113000976

三友官網　　三友 Line@

五味八珍的餐桌
品牌故事

60 年前，傅培梅老師在電視上，示範著一道道的美食，引領著全台的家庭主婦們，第二天就能在自己家的餐桌上，端出能滿足全家人味蕾的一餐，可以說是那個時代，很多人對「家」的記憶，對自己「母親味道」的記憶。

程安琪老師，傳承了母親對烹飪教學的熱忱，年近 70 的她，仍然為滿足學生們對照顧家人胃口與讓小孩吃得好的心願，幾乎每天都忙於教學，跟大家分享她的烹飪心得與技巧。

安琪老師認為：烹飪技巧與味道，在烹飪上同樣重要，加上現代人生活忙碌，能花在廚房裡的時間不是很穩定與充分，為了能幫助每個人，都能在短時間端出同時具備美味與健康的食物，從 2020 年起，安琪老師開始投入研發冷凍食品。

也由於現在冷凍科技的發達，能將食物的營養、口感完全保存起來，而且在不用添加任何化學元素情況下，即可將食物保存長達一年，都不會有任何質變，「急速冷凍」可以說是最理想的食物保存方式。

在歷經兩年的時間裡，我們陸續推出了可以用來做菜，也可以簡單拌麵的「鮮拌醬料包」、同時也推出幾種「成菜」，解凍後簡單加熱就可以上桌食用。

我們也嘗試挑選一些熟悉的老店，跟老闆溝通理念，並跟他們一起將一些有特色的菜，製成冷凍食品，方便大家在家裡即可吃到「名店名菜」。

傳遞美味、選材惟好、注重健康，是我們進入食品產業的初心，也是我們的信念。

冷凍醬料做美食

程安琪老師研發的冷凍調理包，讓您在家也能輕鬆做出營養美味的料理。

省調味 × 超方便 × 輕鬆煮 × 多樣化 × 營養好

冷凍醬料的 5 大優點

選用國產天麴豬，符合潔淨標章認證要求，我們在材料和製程方面皆嚴格把關，保證提供令大眾安心的食品。

三友官網	五味八珍的餐桌官網	五味八珍的餐桌 FB	程安琪鮮拌味 FB	程安琪入廚 40 年 FB	五味八珍的餐桌 LINE @

聯繫客服 　電話：02-23771163 　傳真：02-23771213

冷凍醬料調理包

冷凍家常菜

香菇蕃茄紹子

歷經數小時小火慢熬蕃茄，搭配香菇、洋蔥、豬絞肉，最後拌炒獨家私房蘿蔔乾，堆疊出層層的香氣，讓每一口都衝擊著味蕾。

雪菜肉末

台菜不能少的雪裡紅拌炒豬絞肉，全雞熬煮的雞湯是精華更是秘訣所在，經典又道地的清爽口感，叫人嘗過後欲罷不能。

一品金華雞湯

使用金華火腿（台灣）、豬骨、雞骨熬煮八小時打底的豐富膠質湯頭，再用豬腳、土雞燜燉2小時，並加入干貝提升料理的鮮甜與層次。

麻辣紹子

麻與辣的結合，香辣過癮又銷魂，採用頂級大紅袍花椒，搭配多種獨家秘製辣椒配方，雙重美味、一次滿足。

北方炸醬

堅持傳承好味道，鹹甜濃郁的醬香，口口紮實、色澤鮮亮、香氣十足，多種料理皆可加入拌炒，迴盪在舌尖上的味蕾，留香久久。

靠福・烤麩

一道素食者可食的家常菜，木耳號稱血管清道夫，花菇為菌中之王，綠竹筍含有豐富的纖維質。此菜為一道冷菜，亦可微溫食用。

3種快速解凍法

想吃熱騰騰的餐點，就是這麼簡單

1. 回鍋解凍法

將醬料倒入鍋中，用小火加熱至香氣溢出即可。

2. 熱水加熱法

將冷凍調理包放入熱水中，約2～3分鐘即可解凍。

3. 常溫解凍法

將冷凍調理包放入常溫水中，約5～6分鐘即可解凍。

私房菜

純手工製作，交期較久，如有需要請聯繫客服
02-23771163

程家大肉

紅燒獅子頭

頂級干貝 XO